21 世纪高职高专规划教材·计算机类

Visual Basic 程序设计教程

主　编　王　唯

副主编　刘晓英　张润华

北京理工大学出版社
BEIJING INSTITUTE OF TECHNOLOGY PRESS

内 容 简 介

本书采用项目导向方式，通过应用示例介绍 Visual Basic 6.0 程序设计的基本知识。本书内容详实，系统性强，深入浅出，通俗易懂。示例程序启发性强，有代表性且全部上机调试通过，可以直接运行。

本书内容包括 Visual Basic 6.0 程序设计语言基础、Visual Basic 6.0 的常用控件、Visual Basic 6.0 的界面设计、图形操作、多媒体编程、数据库应用程序设计基础等。

本书可以作为大专院校的教材或参考书，也可以作为相关人员的参考书。

版权专有　侵权必究

图书在版编目（CIP）数据

Visual Basic 程序设计教程/王唯主编．—北京：北京理工大学出版社，2009.1（2019.8 重印）
21 世纪高职高专规划教材．计算机类
ISBN 978 – 7 – 5640 – 1523 – 7

Ⅰ.V… Ⅱ.王… Ⅲ.BASIC 语言 – 程序设计 – 高等学校：技术学校 – 教材　Ⅳ.TP312

中国版本图书馆 CIP 数据核字（2008）第 191136 号

出版发行 /	北京理工大学出版社
社　　址 /	北京市海淀区中关村南大街 5 号
邮　　编 /	100081
电　　话 /	（010）68914775（办公室）68944990（批销中心）68911084（读者服务部）
网　　址 /	http://www.bitpress.com.cn
经　　销 /	全国各地新华书店
印　　刷 /	三河市天利华印刷装订有限公司
开　　本 /	787 毫米 × 1092 毫米　1/16
印　　张 /	19
字　　数 /	437 千字
版　　次 /	2009 年 1 月第 1 版　2019 年 8 月第 7 次印刷	责任校对 / 陈玉梅
定　　价 /	46.00 元	责任印制 / 边心超

图书出现印装质量问题，本社负责调换

前 言

    Visual Basic 6.0 是 Microsoft 公司最新推出的 Visual Basic 6.0 可视化应用程序开发工具组件中的一个成员，是目前最流行的可视化编程工具。Visual Basic 既继承了 BASIC 语言具有的语法简单、易学、易用、数据处理能力强的特点，又引入了面向对象的编程机制和可视化程序设计方法，大大降低了开发 Windows 应用程序的难度并有效地提高了应用程序开发的效率。同时，Visual Basic 还兼顾了高级编程技术，应用 Visual Basic 不仅可以编写功能强大的数据库应用程序、多媒体处理程序，还可以用来建立客户与服务器应用程序、访问 Internet 服务器的 Web 应用程序、创建 ActiveX 控件以及与其他应用程序紧密集成。因此，Visual Basic 6.0 已经成为最受欢迎的 Windows 应用程序开发工具。目前，在我国高职高专的许多专业中，都开设了 Visual Basic 程序设计课程，为了适应教学的需要，加强学生实际动手编程能力的提高，我们结合多年来的教学实际经验编写了这本教程。

    本书是高职高专计算机及相关专业的系列教材之一，编写的理念在于注重学生实际能力的培养，在教材编写体系上，按照"提出项目—项目分析—学习支持—知识巩固—课堂训练与测评"的思路，力求在实际可操作性上有所突破。本教材所选内容本着循序渐进、综合提高的原则，既保持知识的系统性，又适当拓宽和加深了知识点；采用项目导向方式，通过应用示例介绍了 Visual Basic 6.0 程序设计的知识，使学生加深对 Visual Basic 程序设计思想的理解和具体程序设计技巧的掌握。

    本书作者都是从事计算机教学和科研的教师，由王唯主编，负责总体构思，并确定章节框架和写作内容，刘晓英、张润华任副主编，江颖、刘建新、肖雪参与编写。本书在编写过程中自始至终得到了北京理工大学出版社的大力支持，同时也参考了许多学者的研究成果，在此一并表示感谢。

    教材中的实例都在 Visual Basic 6.0 上调试通过，并且在源文件包（下载地址：www.bitpress.net）中附有全部实例的源代码，可供读者查看。

    由于时间仓促，作者水平有限，书中难免有不妥之处，恳请读者批评指正。

编　者

目 录

第1章 Visual Basic 概述 1
1.1 程序设计的基本知识 1
1.2 项目 显示程序 3

第2章 Visual Basic 可视化程序设计基础 14
2.1 项目 密码效验 14
2.2 项目 简单的加法程序 22
2.3 项目 字符串函数综合举例 27

第3章 Visual Basic 基本语句 37
3.1 顺序结构 37
3.2 选择结构 49
3.3 循环结构 62
3.4 数组 69
3.5 子程序 80
3.6 函数 85

第4章 Visual Basic 常用控件介绍 88
4.1 项目 计算成绩 88
4.2 项目 剪贴板 99
4.3 项目 设置文字格式 105
4.4 项目 设置并显示计算机信息 109
4.5 项目 调色板 117
4.6 项目 蝴蝶飞呀飞 121
4.7 项目 计算书款 124
4.8 项目 演示任务完成进度 126
4.9 项目 简单计算器 129

第5章 Visual Basic 界面设计 138
5.1 菜单设计 138
5.2 工具栏、状态栏的设计 152
5.3 通用对话框和高级文本框 167
5.4 文件系统控件 188
5.5 MDI 多文档编辑 195

第6章 图形操作 214
6.1 项目 绘制坐标系 214
6.2 项目 时钟 226

6.3	项目 月亮的起落	231
6.4	项目 绘制比例图	237
6.5	项目 疯狂赛车	242
6.6	项目 小小写字板	246

第7章 Visual Basic 多媒体编程 251
7.1 项目 利用多媒体控件，编写一个 CD 播放器 251
7.2 项目 用 MediaPlayer 控件播放 MP3 257

第8章 数据库管理 262
8.1 数据库概述 262
8.2 数据控件和数据绑定控件 270
8.3 ADO 279

主要参考文献 297

第 1 章　Visual Basic 概述

1.1　程序设计的基本知识

1. Visual Basic 的产生和发展

BASIC 是 Beginner's All-Purpose Symbolic Instruction Code（初学者通用符号代码）的缩写。Visual Basic 是美国微软公司（Microsoft）于 1991 年推出的基于 BASIC 语言的软件开发工具，是一种面向对象的可视化编程语言。

Basic 指的是广为流行的 BASIC 计算机语言。Visual Basic 是在原有的 Basic 语言基础上发展而来的。从 1991 年的 1.0 版开始，共经历了 1992 年 2.0 版、1993 年 3.0 版、1995 年 4.0 版、1997 年 5.0 版、1998 年 6.0 版共 6 种版本。其中 5.0 以前的版本主要应用于 DOS 和 Windows 3.x 等 16 位应用程序的开发，5.0 以后的版本只能运行在 Windows 9.x 或 NT 操作系统下，是一个 32 位应用程序的开发工具。

Visual 的中文含义是可视化，是开发图形用户界面的方法。可视化把程序设计人员从烦琐复杂的界面设计中解脱出来。与其他高级语言相比，Basic 语言的语法规则相对简单，容易理解和掌握，且具有实用价值，被认为是最理想的初学者语言。

2. Visual Basic 的基本特点

1) 提供可视化的编程工具

用传统的高级语言编程序，主要的工作是设计算法和编写程序。程序的各种功能和显示的结果都要由程序语句来实现。用 Visual Basic 开发应用程序，包括两部分工作：一是设计用户界面，二是编写程序代码。

Visual Basic 为程序设计人员提供图形对象（如窗体、控件、菜单等），来进行应用程序的界面设计。在传统的程序设计中，为了在屏幕上显示一个图形，就必须编写一大段程序语句。Visual Basic 使屏幕设计变得十分简单。Visual Basic 提供一个"工具箱"，箱内放有若干个"控件"。程序设计者可以自由地从工具箱中取出所需控件，放到窗体中的指定位置，而不必为此编写程序。屏幕上的用户界面是用 Visual Basic 提供的可视化设计工具直接"画"出来的，而不是用程序"写"出来的。

用 Visual Basic 设计用户界面如同用各种不同的印章在一张画纸上盖出不同的图形。使用 Visual Basic，被认为是最难的界面设计，就这样轻而易举地实现了。其实，这些编程工作只是不由用户来做，而由 Visual Basic 系统完成而已。

所谓用户界面设计，就是要设计让用户看到什么。Windows 之所以比 DOS 受欢迎，就是因为具有生动直观、对用户"友好"的界面。现在，Visual Basic 成功地解决了用户界面设计的难点，这就为设计应用程序提供了良好的基础。

2）面向对象

传统的 C 语言、BASIC 语言、Pascal 语言使用的是结构化程序设计方法，设计程序的主要工作就是设计算法和编写代码。

Visual Basic 6.0 的对象是建立在类的基础上的。类是一些内容的抽象表示形式，而对象是类所表示内容的可用实例。Visual Basic 6.0 通过类的封装而使源程序更加便于维护。因此可视化界面的设计过程其实就是对象的建立过程。

3）采取"事件驱动"的方式编程

传统的编程方法是根据程序必须实现的功能，写出一个完整的程序（包括一个主程序和若干个子程序）。程序从第一个语句开始执行，直到遇到结束语句为止。在执行过程中，程序除了会在需要用户输入数据时暂停外，开始运行后不停顿地按指定的顺序执行各指令，直到程序结束。因此，程序设计者必须十分细致地考虑到程序运行中的每一个细节，如什么时候应发生什么事情，什么时候屏幕上应出现什么等。所以，对编写应用程序的程序设计人员提出较高的要求。

Visual Basic 改变了程序的结构和运行机制。没有传统意义上的主程序，程序执行的基本方法是由"事件"来驱动子程序（在 Visual Basic 中将"子程序"称为"过程"）的运行。Visual Basic 6.0 通过事件来执行对象的操作。一个对象可能会产生多个事件，每个事件驱动一段程序的运行。因此，在事件驱动模式下，程序的执行是依靠系统能够识别的触发事件启动的。

在设计好前端界面和对象后，就可以利用事件驱动的特点来编写对应的代码。程序也会根据事件发生的先后次序依次执行对应的代码。

4）结构化程序设计语言

Visual Basic 6.0 发源于 BASIC。BASIC 简单易学、结构化设计的优点被很好地保留下来。程序开发者不需要有很多的计算机专业知识也可轻松上手。

5）多种数据库访问方式

很多应用程序都需要处理大量的数据，数据库的作用就是对数据进行管理、存储和访问。Visual Basic 6.0 采用 JET 数据库引擎和 ODBC 技术实现对数据库的访问。Visual Basic 支持多种类型的数据库系统，包括 SQL Server、Oracle、FoxPro、Access 以及 Excel 等。

6）网络支持

在应用程序中，可以使用结构化查询语言（SQL，Struct Query Language）直接访问服务器上的数据库。Visual Basic 提供简单的面向对象的库操作命令、多用户数据库的加锁机制和网络数据库的编程技术，为单机上运行的数据库提供 SQL 网络接口，以便在分布式环境中快速而有效地实现客户/服务器（Client/Server）方案。

7）ActiveX 技术

通过 ActiveX 技术可以使用其他应用程序提供的功能，如 Word 字处理软件、Excel 电子表格及其他 Windows 应用程序等。Visual Basic 使开发人员可以方便地使用标准的 ActiveX 部件，调用标准接口，实现特定的功能。

3. 创建 Visual Basic 应用程序的主要步骤

（1）创建一个工程。

（2）界面设计。

(3)设置属性。
(4)编写代码。
(5)调试运行。
(6)保存并退出。
(7)打包与发布(可选)。

下面通过一个项目来说明完整的 Visual Basic 应用程序的建立过程,并介绍 Visual Basic 的开发环境及可视化编程的基本概念。

1.2 项目 显示程序

📝 项目说明

一个简单的显示程序,运行界面如图 1-1 所示。

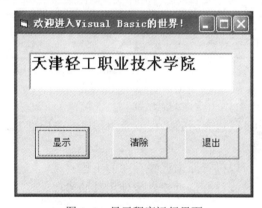

图 1-1 显示程序运行界面

📝 项目分析

当单击"显示"按钮时,文本框中出现"天津轻工职业技术学院";单击"清除"按钮时,文本框内的文字消失;单击"退出"按钮时,对话框关闭。

📝 编程实现

一、设计用户界面,设置对象属性

1. 创建工程

(1)执行"开始"→"程序"→"Microsoft Visual Basic 6.0"命令,启动 Visual Basic 6.0 程序。

(2)在出现的"新建工程"对话框中选择"标准 EXE",单击"打开"按钮,如图 1-2 所示。

(3)新创建的工程包含两个主要的文件,一个是工程文件(.vbp),一个是窗体文件(.frm)。

双击工程文件就可以打开该工程，并自动打开工程中所包含的默认的窗体。

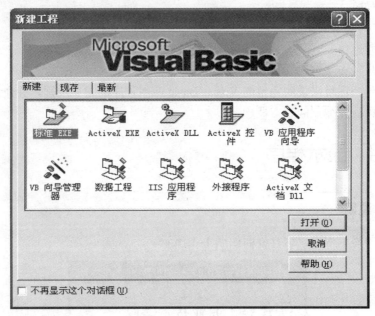

图 1-2 "新建工程"对话框

"新建工程"对话框中有以下 3 个选项卡。

➢ "新建"选项卡：可以建立新的工程或应用程序，如标准 EXE 工程、ActiveX EXE 工程等。

➢ "现存"选项卡：可以打开原来已经存在的工程。

➢ "最新"选项卡：可以打开最近建立或使用过的工程。

2．将控件添加到窗体上，并设置属性值

（1）在这个程序中需要 4 个控件对象：分别是 1 个文本框控件和 3 个按钮控件。

（2）在窗体上添加控件。

单击工具箱中的"文本框控件"按钮，当光标变成十字形后可以在窗体合适的位置拖动鼠标，画出一个矩形区域。该矩形区域表示当前控件的大小。松开鼠标后，刚刚出现的矩形区域就出现了一个文本框，文本框中默认出现文字"Text1"。双击"文本框控件"按钮也同样可以添加一个文本框控件。当选中某个控件对象时，会出现 8 个句柄，可以直接利用鼠标的拖动来调整控件大小。用同样的方法选择工具箱中的"按钮控件"按钮，在窗体上添加 3 个按钮。

（3）各个控件的属性值设置见表 1-1。

表 1-1 各控件属性值

控　　件	属　　性	属性值
窗体	Name	Form1
	Caption	欢迎进入 Visual Basic 的世界！

续表

控 件	属 性	属性值
文本框	Name	Text1
	Text	空白
命令按钮 1	Name	Command1
	Caption	显示
命令按钮 2	Name	Command2
	Caption	清除
命令按钮 3	Name	Command3
	Caption	退出

二、代码编写

在窗体内添加事件驱动代码。

在本窗体中，要为 3 个命令按钮的单击事件编写代码。单击事件是指程序运行时，如果单击某个命令按钮，程序就会执行相应的代码。以 Command1 命令按钮为例，实现方法是：在 Form1 界面窗口中，双击这个命令按钮，系统会切换到代码窗口。在代码窗口左上端的下拉列表框中会自动显示 Command1，在代码窗口右上端的下拉列表框中选择 Click 事件，这时在代码窗口中会自动显示如下代码：

Private Sub cmdInput_Click()

End Sub

只需要将自己编写的代码添加到这两行代码之间即可。

如果要对其他的控件编写代码，可以在代码窗口左上端的下拉列表框中进行选择。这个列表框中包含了窗体中的所有控件名称。每一个控件都有多个事件，这个控件可触发的所有事件都可以在代码窗口右上端的下拉列表框中找到。

程序代码如下。

Private Sub Command1_Click()   '"显示"按钮 Command1 的 Click 事件过程
Text1.Text = "天津轻工职业技术学院"
End Sub

Private Sub Command2_Click()   '"清除"按钮 Command2 的 Click 事件过程
Text1.Text = ""
End Sub

Private Sub Command3_Click()   '"退出"按钮 Command3 的 Click 事件过程
End
End Sub

三、程序的运行

Visual Basic 程序有两种运行模式，即解释运行模式和编译运行模式。

1. 解释运行模式

按 F5 功能键或单击工具栏上的"启动"按钮，或者执行"运行"→"启动"命令。系统读取程序代码，将其转换成机器代码。单击工具栏上的"结束"按钮或者执行"运行"→"结束"命令，结束程序运行。

2. 编译运行模式

执行"文件"→"生成工程 1.exe"命令，系统将程序转换成机器代码，并保存为扩展名为".exe"的可执行文件。此后可以脱离 Visual Basic 环境，直接运行".exe"应用程序。

四、程序的保存

选择"文件"菜单中的"保存工程"或"工程另存为"命令，或者单击工具栏上的"保存工程"按钮，如果是从未保存过的新建工程，系统则打开"文件另存为"对话框。

（1）首先保存的是窗体文件（*.frm）。确定好保存位置（如"D:\第一章项目 1"），输入文件名（如"Form1"），单击"保存"按钮。

（2）保存完窗体文件后，系统会自动弹出"工程另存为"对话框，此时可保存工程文件（*.vbp）。仿照保存窗体文件的操作，可将该应用程序的工程文件保存到指定的位置。

如果程序中有模块文件，则按照系统提示先保存模块文件，再保存窗体文件，最后保存工程文件即可。

📖 学习支持

1. Visual Basic 的集成开发环境

使用 Visual Basic 进行项目开发是在集成开发环境中完成的。Visual Basic 集成开发环境是 Visual Basic 程序开发的可视化编程界面。利用 Visual Basic 的集成开发环境可以很容易地开发出交互性好的各种应用程序。

2. 启动 Visual Basic

执行"开始"→"程序"→"Microsoft Visual Basic 6.0"命令，就可以启动 Visual Basic 6.0，并进入到 Visual Basic 集成开发环境，如图 1-3 所示。

3. Visual Basic 集成开发环境

Visual Basic 集成开发环境包括有标题栏、菜单栏、工具栏、工程资源管理器窗口、属性窗口、窗体布局窗口、窗体设计窗口、代码窗口和工具箱，如图 1-3 所示。

1）标题栏

标题栏中的标题为"工程 1-Microsoft Visual Basic[设计]"，说明此时集成开发环境处于设计模式。在进入其他状态时，方括号中的文字将做相应的变化。Visual Basic 有 3 种工作模式。

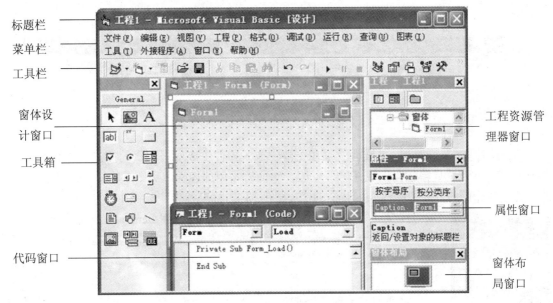

图 1-3 Visual Basic 集成开发环境

> 设计模式：可进行用户界面的设计和代码的编制，以完成应用程序的开发。
> 运行模式：运行应用程序。这时不可编辑代码，也不可编辑界面。
> 中断模式：应用程序运行暂时中断。这时可以编辑代码，但不能编辑界面。

2）菜单栏

菜单栏中包括 13 个下拉菜单。各菜单的作用描述如下。

> "文件"：用于创建、打开、保存、显示最近的工程以及生成可执行文件。
> "编辑"：用于输入或修改程序源代码。
> "视图"：用于查看集成开发环境下程序源代码、控件。
> "工程"：用于处理控件、模块和窗体等对象。
> "格式"：用于窗体控件的对齐等格式化操作。
> "调试"：用于程序调试和查错。
> "运行"：用于程序的启动、中断和停止等。
> "查询"：用于数据库表的查询及相关操作。
> "图表"：使用户能够用可视化的手段来表示表及其相互关系，而且可以创建和修改应用程序所包含的数据库对象。
> "工具"：用于集成开发环境下工具的扩展。
> "外接程序"：用于为工程增加或删除外接程序。
> "窗口"：用于屏幕窗口的层叠、平铺等布局以及列出所有已打开的文档窗口。
> "帮助"：帮助用户系统地学习和掌握 Visual Basic 的使用方法及程序设计方法。

3）工具栏

工具栏可以快速地访问常用的菜单命令。Visual Basic 的标准工具栏如图 1-4 所示。除此之外，Visual Basic 还提供了编辑、窗体编辑器和调试等专用的工具栏。为了显示或隐藏工具栏，可以执行"视图"→"工具栏"命令，或在标准工具栏处右击选取所需的工具栏，如图

1-4 所示。

图 1-4　标准工具栏

4）工具箱窗口

工具箱提供一组工具，是设计阶段在窗体中放置控件生成应用程序的接口。系统启动后，默认的 General 工具箱就会出现在屏幕左边，上面有常用的控件。Visual Basic 安装完毕后，标准的工具箱由 21 个图标构成，其中的 20 个图标称为标准控件，如图 1-5 所示。

图 1-5　工具箱

在 Visual Basic 中，工具箱中除了已有的"General"选项卡外，还可以往其中添加选项卡，定制专用的工具箱。添加选项卡方法是：在工具箱窗口上右击，在快捷菜单中选择"添加选项卡"命令，输入新选项卡的名称。

对添加的选项卡添加控件的方法是：在已有的选项卡中拖动需要的控件到当前选项卡；或者单击选项卡使其激活，再通过执行"工程"→"引用"命令来装入其他控件。

工具箱窗口只会在设计模式出现。在运行模式或中断模式下，工具箱窗口自动隐藏。

5）窗体设计窗口

窗体设计窗口是设计应用程序的界面。在该窗口中可以添加控件、图形和图像来创建各种应用程序的外观，是 Visual Basic 应用程序的主要部分。每个窗体必须有一个唯一的名字，建立窗体时默认名为 Form1、Form2…

处于设计状态的窗体会显示网格，网格方便用户对控件定位。网格的间距可以通过执行"工具"→"选项"命令，在"通用"选项卡的"窗体窗格设置"区域中输入"宽度"和"高度"来改变。

一个应用程序至少有一个窗口。除一般窗体外，还有一种 MDI（Multiple Document Interface）多文档窗体。多文档窗体可以包含子窗体，每个子窗体都是独立的。

6）代码窗口

代码编辑器窗口（简称代码窗口）是专门用来进行程序设计的窗口，可在其中显示和编辑程序代码。每个窗体都有一个独立的代码窗口，如图 1-6 所示。

在设计模式中，通过双击窗体或窗体上任何对象，或者在工程资源管理器窗口中单击"查看代码"按钮来打开代码编辑器窗口。

代码窗口由以下几个部分组成。

➢ 标题栏：用来显示应用程序的工程名称和窗体名称。

➢ 对象列表框：显示所选对象的名称。可以单击右边的下拉按钮，显示当前所选中的窗体及其所有控件名。其中"通用"选项表示与特定对象无关的通用代码。一般在此声明模块级变量或用户编写自定义过程。

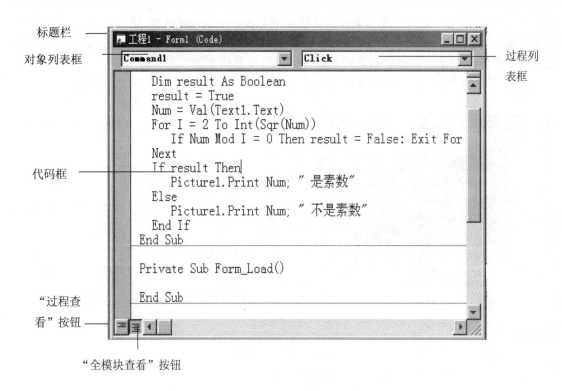

图 1-6 代码窗口

➢ 过程列表框：列出所有与对象列表框中对象对应的事件过程名称（也可以显示用户自定义的过程名）。在对象列表框中选择对象名，在过程列表框中选择事件过程名，即可构成选中对象的事件过程模板。用户可在该模板中输入代码，其中"声明"选项表示声明模块级变量。

➢ 代码框：用来输入程序代码。

➢ "过程查看"按钮：只能显示所选的一个过程。

➢ "全模块查看"按钮：显示模块中全部过程。

7）属性窗口（图 1-7）

所有窗体或控件的属性，如颜色、字体等，都可以通过属性窗口来修改。属性窗口除了在标题栏上显示当前对象的控件名外，还有以下部分组成。

➢ 对象列表框：单击其右边的箭头按钮可显示所选窗体包含的对象的列表。

➢ 属性显示排列方式：有"按字母序"和"按分类序"两个按钮。前者以字母排列顺序列出所选对象的所有属性，后者按外观和位置等分类列出所选对象的所有属性。

图 1-7 属性窗口

➢ 属性列表框：列出所选对象在设计模式可更改的属性及默认值。对于不同对象所列出的属性也不同。属性列表分为两个部分：左边列出的是各种属性，右边列出的是对应的属性值。用户可以选定某一属性，然后对该属性值进行设置或修改。

➢ 属性简介框：在属性列表框中选取某属性时，在该区显示所选属性的含义。

图 1-8 窗体布局窗口

控件的大部分属性值既可通过属性窗口设置，也可在程序代码中设置，只有少部分属性值必须通过代码设置。

8）窗体布局窗口

窗体布局窗口显示在屏幕右下角。用户可使用表示屏幕的小图像来布置应用程序中各窗体的位置，如图 1-8 所示。

9）工程资源管理器窗口

工程是指用于创建一个应用程序的文件的集合。工程资源管理器是用于管理众多工程的窗口，如图 1-9 所示。工程资源管理器窗口上方有以下 3 个按钮。

➢ "查看代码"：切换到代码窗口，用来显示和编辑代码。

➢ "查看对象"：切换到模块的对象窗口。

➢ "切换文件夹"：工程中的文件在"按类型分"或"不分层次显示"之间切换。

图 1-9 工程资源管理器

一个工程就是一个应用程序文件的集合，包括以下几个部分。

➢ .vbp：工程文件。每个工程有且只有一个工程文件，双击该文件可以打开已有工程。

➢ .frm：窗体文件。工程的每个窗体对应一个窗体文件，记载窗体及其上控件的属性等信息。

➢ .bas：标准模块文件。该文件存储所有模块级变量和用户自定义的通用过程。通用过程是指可以被应用程序各部分调用的过程。

➢ .cls：类模块文件。该文件存储用户自己建立的对象，包含用户对象的属性及方法，但不包含事件代码。

4. 面向对象程序设计的基本概念

面向对象技术是基于对象概念的，一个面向对象的程序中的每一个成员都是一个对象。程序是通过建立对象及对象之间的通信来执行的。

对象是一个数据和代码的集合。如 Visual Basic 中窗体就是一个对象。窗体中任何控件也分别是一个对象。每个对象都有属性、事件和方法。

1) 对象的属性

对象都有自己的属性，属性是用来描述和反映对象特征的参数。例如，窗体名称（Name）、标题（Caption）、颜色（Color）、字体（FontName）等都是属性。

对象属性设置的方法有以下两种。

方法一：在设计模式下，通过属性窗口直接设置对象的属性。

方法二：在程序的代码中通过赋值实现。其格式为：

对象.属性=属性值

例如，Form1.Caption="显示"。

注意：① 必须先选中对象，后设置属性。在属性窗口列出的属性中大多可采用系统默认值。
② 属性设置的两种方法适用于大部分属性，但有些属性只能用程序代码或属性窗口设置。通常把只能通过属性窗口设置的属性称为"只读属性"。

2) 对象的事件

Visual Basic 中，事件是预先定义好的能够被对象所识别的动作，是导致执行某过程的通知。例如，按下一个键、单击一下鼠标、选择一个菜单等都是一个事件。

事件类型大致可以分为键盘事件、鼠标事件和程序事件。

- 键盘事件：用户按下键盘上的按键后产生的事件。
- 鼠标事件：用户移动、单击、双击和拖动鼠标时所产生的事件。
- 程序事件：指 Visual Basic 程序在装入、打开和关闭一个窗体时所产生的事件。

事件过程是指附在该对象上的程序代码，是事件触发后处理的程序。编写事件过程的形式如下：

```
    Private Sub    对象名_事件名()
            语句序列
        End Sub
```

例如：

```
Private Sub Command1_Click()        '"显示"按钮 Command1 的 Click 事件过程
    Text1.Text = "天津轻工职业技术学院"
End Sub
```

3) 对象的方法

对象的方法是对象的行为方式，即对象要执行的操作。方法是面向对象的，所以对象的方法调用一般要指明对象。对象方法调用形式：

[对象名] 方法 [参数列表]

如果省略对象，就表示为当前对象，一般指窗体。

知识巩固

例 文字移动动画

一列文字"新年快乐"在窗体中左右移动。

提示：本程序中有 2 个标签控件，可通过位置和颜色的结合产生浮雕效果。2 个按钮控制标签控件向左移动和向右移动。控件移动可通过 Move 方法实现，也可通过改变控件的位置属性移动。运行界面如图 1-10 所示。

图 1-10

程序代码如下：

```
' Label 控件通过位置和颜色结合产生浮雕效果
Private Sub Form_Load()
    Label2.Top = Label1.Top + 50
    Label2.Left = Label1.Left + 50        ' Label 和 Label2 错位
    Label2.ForeColor = QBColor(0)         ' Label2 字为默认黑色
    Label1.ForeColor = QBColor(15)        ' Label1 字为白色
End Sub                                    ' 位置和颜色结合产生浮雕效果

Private Sub Command1_Click()              ' 向左移
    Label1.Move Label1.Left – 50          ' 单击一次同时左移 50twip 单位
    Label2.Move Label2.Left – 50
End Sub

Private Sub Command2_Click()              ' 向右移
    Label1.Left = Label1.Left + 50        ' 单击一次同时右移 50twip 单位
    Label2.Left = Label2.Left + 50
End Sub
```

课堂训练与测评

在窗体上添加一个标签框。标签框的边框风格属性值为 1（BorderStyle 属性值为 Fixed Single）。单击窗体时，在标签框中显示"Visual Basic 6.0"的字样，如图1-11所示。

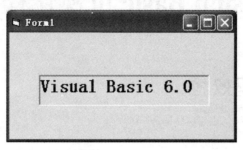

图 1-11　显示"Visual Basic 6.0"字样

第 2 章 Visual Basic 可视化程序设计基础

2.1 项目 密码效验

◎ 项目说明

编写一个简单的密码效验程序。运行界面如图 2-1 和图 2-2 所示。

图 2-1 "密码检测"窗口主界面　　　　　　图 2-2 "Form2"窗口界面

◎ 项目分析

要求输入密码。如果输入正确，则显示如图 2-2 所示界面；如果 3 次密码输入都不正确，则自动结束程序的运行。

◎ 编程实现

一、界面设计

本程序中使用了 3 种常用控件：标签、文本框和命令按钮。在窗体 Form1 中有 3 个标签控件，1 个文本框控件，3 个按钮控件；在窗体 Form2 中有 1 个标签按钮。添加方法在第一章里已经介绍过，这里不再重复。

窗体 Form1 中各个控件的属性值设置见表 2-1。

第 2 章 Visual Basic 可视化程序设计基础

表 2–1 Form1 中各控件的属性值

控 件	属 性	属性值
窗体	Name	Form1
	Caption	密码检测
标签 1	Name	Label1
	Caption	请输入密码
	Font	隶书，一号字
标签 2	Name	Label2
	Caption	（密码长度为 6 位）
标签 3	Name	Label3
	Caption	空白
文本框 1	Name	Text1
	Text	空白
命令按钮 1	Name	Command1
	Caption	确定
	Font	隶书，三号字
命令按钮 2	Name	Command2
	Caption	清除
	Font	隶书，三号字
命令按钮 3	Name	Command3
	Caption	退出
	Font	隶书，三号字

窗体 Form2 中各个控件的属性值设置见表 2–2。

表 2–2 Form2 中各控件的属性值

控 件	属 性	属性值
窗体	Name	Form2
	Caption	Form2
标签 1	Name	Label1
	Caption	欢迎进入 VB 应用程序
	Font	隶书，二号字

二、事件过程代码

Dim n As Integer: Dim a

Private Sub Command1_Click()

```
    If n = 3 Then
    End
  End If
   If Text1.Text = a Then
     Form2.Show 1
   Else
     n = n + 1
     Label2.Caption = "共有 3 次机会，你还有" & (4 - n) & "次机会"
   End If
End Sub

Private Sub Command2_Click()
Text1.Text = ""
End Sub

Private Sub Command3_Click()
End
End Sub

Private Sub Form_Load()
a = "123456"
n = 1
End Sub
```

学习支持

编码规则

（1）Visual Basic 代码不区分字母的大小写。系统保留字自动转换，使每个单词的首字母大写。用户自定义变量则以定义为准，自动进行转换。

（2）语句书写自由。

① 一行可书写几句语句，语句之间用冒号分隔（:）。

② 一句语句可分若干行书写，用续行符连接（空格和_）。

③ 一行字符长度应不多于 255 个字符。

（3）可添加注释，有利于程序的维护和调试。

① 使用 Rem 或单撇号（'）作为一行中注释的开始。取消注释只须删除 Rem 或 ' 即可。

② 使用工具按钮。视图→工具栏→编辑中的"设置注释块"、"解除注释块"按钮可以设置、解除若干行注释。

（4）数值前加上前缀&H 和&O 分别表示十六进制和八进制数。

如：i=&o100
   j=&h100
   print i;j

&o100 表示此处 100 为八进制数，i 的值为将八进制 100 转换成十进制后的结果；&h100 表示此处 100 为十六进制数，j 的值为将十六进制 100 转换成十进制后的结果，程序最后的输出结果为 64、256。

(5) 标识符命名规则

① 标识符由字母、汉字、数字或下画线组成。第一个字符必须是字母或汉字，不能是下画线或数字。

② 标识符不能与 Visual Basic 中的关键字同名。

③ 标识符长度不超过 255 个字符。其中，窗体、控件和模块的标识符长度不能超过 40 个字符。

④ 控件名称及变量名称最好能"见名知义"，这样可增强程序的可读性。

数据类型

1. Visual Basic 中的标准数据类型（见表 2-3）

表 2-3 标准数据类型

数据类型	关键字	类型符	前缀	存储大小	举 例
字节型	Byte	无	B	1	125
逻辑型	Boolean	无	F	2	True False
整型	Integer	无	I	2	-3276832767
长整型	Long	&	L	4	-2123456677
单精度型	Single	!	S	4	-3.4E19 .4E-10
双精度型	Double	#	Dbl	8	-1.75686267D36 1.123456789
货币型	Currency	@	C	8	$12.345
日期型	Date	无	Dt	8	03/25/1999
字符型	String	$	Str	字符串	"abcdefg"
对象型	Object	无	对象	4	Command
变体型	Variant	无	V	按需分配	任意值

2. 自定义数据类型

自定义数据类型是一组不同类型变量的集合。相当于 C 语言中的结构类型、Pascal 中的记录类型。

自定义类型的定义：

[Private | Public] Type 数据类型名
    元素名 1 As 类型名

元素名2 As 类型名
......
End Type

Public：表示声明的类型在工程中所有模块的任何过程中可用。

Private：表示声明的类型只能在当前模块中使用。

例如，以下定义了一个有关学生信息的自定义类型。

```
Type StudType
    No As Integer              ' 学号
    Name As String * 20        ' 姓名
    Sex As String * 1          ' 性别
    Mark(1 To 4) As Single     ' 4 门课程成绩
    Total   As Single          ' 总分
End Type
```

声明自定义数据类型后，可使用该类型。例如：

  Dim studTemp As StudType   '把 studTemp 声明为 StudType 类型变量

访问自定义数据类型的变量的格式是：变量名. 成员名。例如：

  studTemp.id="030005"

studTemp.xm="李斌"

注意：

（1）自定义类型一般在标准模块（.BAS）中定义，默认是 Public。在窗体中定义必须是 Private。

（2）自定义类型中的元素类型可以是字符串，但必须是定长字符串。

（3）不要将自定义类型名和该类型的变量名混淆。前者表示如同 Integer、Single 等的类型名。后者 Visual Basic 根据变量的类型分配所需的内存空间，存储数据。

（4）自定义类型一般和数组结合使用，简化程序的编写。

变量与常量的声明

在程序运行中变量存储的值可以改变，常量的值不可以改变。

变量和常量的命名规则如下。

（1）以字母或汉字开头，后可跟汉字、字母、数字或下画线，长度不超过 255 个字符。

（2）不要使用 Visual Basic 中的关键字。

（3）Visual Basic 中不区分变量名的大小写。

（4）为了增加程序的可读性，可在变量名前加一个缩写的前缀来表明该变量的数据类型。

1. 声明常量

常量分为普通常量和符号常量。其中普通常量不需要定义，可以直接使用。普通常量包括：

（1）数值常量：如 100。

（2）字符串常量：通常用双引号括起来。汉字、空格同样算作一个字符，如"中国"、

"student"。

（3）逻辑常量：有 True、False 两个逻辑常量。

（4）日期常量：占用 8 字节，日期范围是 100.1.1～9999.12.31，时间范围是 0：00：00～23：59：59，可用定界符"#"括起来，如#janu 1、2000#。

符号常量需要定义。形式如下：

Const 常量名［AS 类型］= 表达式

如果省略［AS 类型］，常量的类型由表达式值的类型决定。为使与变量名区分，一般常量名使用大写字母。常量名通常应有意义，先定义后使用。

例如：Const　MAX=100
　　　Const NAME As String="zhang san"
　　　Const PI=3.14159

系统定义的常量通常由多个单词组成。除开头外，其他单词首字母大写。系统定义的常量位于对象库中，可通过"视图/对象浏览器"或按 F2 键查看。

例如：vbNormal　　vbMinimized vbCrLf

2. 声明变量

1）用 Dim 语句显式声明变量

　　格式：　声明符　变量名［AS　类型］
　　　　　　声明符　变量名类型符

"声明符"可以是 Dim、Private、Public、Static。

"类型"可以是 integer、float、string、single 等。

"类型符"可以是%，&，!等。

例如：Dim　iCount　As　integer, sAllsum　As　single
等价于　　Dim　iCount%,　sAllsum!

其中%是整型数据的类型符，!是单精度数据的类型符。变量名和类型符中间没有空格。

注意：一条类型说明语句可以同时定义多个变量，但每个变量必须有自己的类型说明，类型声明不能共用。

例如：Dim i, j as integer

这条语句的作用是将 i 定义为 Variant 变量，将 j 变量定义为整型变量。如果认为这条语句是将 i、j 都定义为整型变量就错了。

2）隐式声明

如果变量未进行上述的声明而直接使用，则其类型为变体型（Variant）类型。建议这种方式尽量少使用。注意：在代码窗口通用声明处加 Option Explicit 语句可强制要求显式声明变量。如果不显示声明某个变量，系统会提示错误。

3）静态变量声明：static 变量名 as 变量类型。

使用 Dim 进行变量声明，每次调用本过程都会对变量进行初始化。过程结束，变量的内容自动消失，存储单元释放。使用 Static 进行变量声明，每次调用该过程，变量会仍然保持上一次调用后的值。过程体结束后，不释放存储单元。

4）变量的作用域（见表 2–4）

（1）局部变量：在过程内声明的变量，只能在本过程中使用。

（2）窗体/模块级变量：在通用声明段中用 Dim、Private 语句声明的变量，可以被本窗体或本模块的其他过程访问。

（3）全局变量：在通用声明段中用 Public 语句声明的变量，可被本应用程序的任何过程或函数访问。

表 2-4 变量作用域

作用范围	局部变量	窗体/模块级变量	全局变量	
			窗体	标准模块
声明方式	Dim，Static	Dim，Private	Public	
声明位置	在过程中	窗体/模块的通用声明段	窗体/模块的通用声明段	
被本模块的其他过程存取	不能	能	能	
被其他模块存取	不能	不能	能，但在变量名前加窗体名	能

知识巩固

例 温度转换

输入温度在华氏和摄氏温度之间转换，界面如图 2-3 所示。

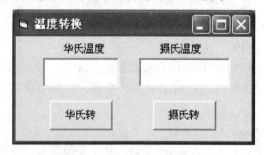

图 2-3 温度转换程序界面

事件过程代码如下：
```
Private Sub Command1_Click()            '"华氏转"按钮单击事件
    Dim f!, c!                          '使用变量
    f = Text1
    c = 5 / 9 * (f - 32)
    Text2 = c
End Sub
Private Sub Command2_Click()            '"摄氏转"按钮单击事件
    Text1 = 9 / 5 * Val(Text2) + 32     '不使用变量，直接使用文本框
```

End Sub

例　变量作用域

局部变量、模块级变量、全局变量举例，界面如图 2-4 所示。

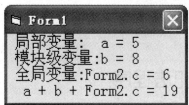

图 2-4　变量

本程序中建立了 2 个窗体。在 Form1 中声明了模块级变量 b，在 Form1 的 Click 事件中声明了局部变量 a，在 Form2 中声明了全局变量 c。要求在 Form1 中显示 a、b、c 3 个变量的值及它们的和。

（1）Form1 中的程序代码如下：

```
Private b%                        '模块级变量

Private Sub Form_Click()
   Dim a%, s%                     '局部变量
   a = 5
   s = a + b + Form2.c            '引用各级变量
   Print " 局部变量：    a ="; a
   Print " 模块级变量：b ="; b
   Print " 全局变量：Form2.c ="; Form2.c
   Print "   a + b + Form2.c ="; s
End Sub

Private Sub Form_Load()
   b = 8                          '给模块级变量赋值
   Form2.Show
End Sub

Private Sub Form_DblClick()
   End
End Sub
```

（2）Form2 中的程序代码如下：

```
Public c                          '定义全局变量

Private Sub Form_Load()
```

```
    c = 6                    '给全局变量赋值
End Sub
```

📝 项目完成总结（注意事项）、小贴士

项目中涉及的 If 语句为实现选择结构的语句，将在第 3 章中详细介绍，这里不再做具体说明。

2.2 项目　简单的加法程序

📝 项目说明

编写一个简单的加法程序，界面如图 2-5、图 2-6 所示。

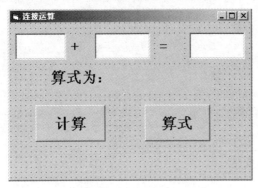

图 2-5　加法程序启动界面

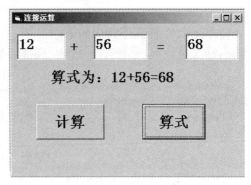

图 2-6　加法程序运行界面

📝 项目分析

用 2 个文本框存放被加数和加数，另外 1 个文本框存放结果。单击"计算"按钮将计算结果显示在结果框中，单击"算式"按钮将整个算式完整显示在标签中。

📝 编程实现

一、界面设计

本程序中使用了 3 种常用控件：标签、文本框和命令按钮。在窗体 Form1 中有 3 个标签控件，3 个文本框控件，2 个按钮控件，添加方法在第一章里已经介绍过，这里不再重复。

各个控件的属性值设置见表 2-5。

表 2-5　窗体中各控件的属性值

控　件	属　　性	属性值
窗体	Name	Form1
	Caption	连接运算

续表

控件	属性	属性值
文本框 1	Name	Text1
	Text	空白
文本框 2	Name	Text2
	Text	空白
文本框 3	Name	Text3
	Text	空白
标签 1	Name	Label1
	Caption	+
标签 2	Name	Label2
	Caption	=
标签 3	Name	Label3
	Caption	算式为：
命令按钮 1	Name	Command1
	Caption	计算
命令按钮 2	Name	Command2
	Caption	算式

二、事件过程代码

程序代码如下：

```
Private Sub Command1_Click()     ' "计算"按钮的事件过程代码
    Dim s1 As Integer, s2 As Integer, s3 As Integer
    s1 = Val(Text1.Text)
    s2 = Val(Text2.Text)
    s3 = s1 + s2
    Text3.Text = s3
    End Sub
Private Sub Command2_Click()     ' "算式"按钮的事件过程代码
    Label3.Caption = Label3.Caption & Text1.Text & "+" & _
    Text2.Text & "=" & Text3.Text
End Sub
```

学习支持

一、运算符

1. 算术运算符

算术运算符是专用来进行数学计算的运算符。Visual Basic 提供的算术运算符共有 7 个。除负号为单目运算符外,其余的都为双目运算符,即需要两个操作数完成的运算。

例如:5+10 mod 10\9/3+2 ^2,结果为 10。

设 ia 的值为 3,则计算结果见表 2-6。

表 2-6 算术运算符

运算符	优先级	举例	结果
^	1	Ia^2	9
−	2	−ia	−3
*	3	ia* ia* ia	27
/	3	10/ia	3.3333333333
\	4	10\ia	3
Mod	5	10 Mod ia	1
+	6	10+ia	13
−	6	Ia−10	−7

2. 字符串运算符

字符串运算符的作用是实现字符串的连接,也称连接运算符。字符串运算符有 2 个,分别是&、+,其功能是将运算符左右两侧的字符串连接成一个字符串。

例如, "123"+"456" 结果是 "123456"。

　　　　"123"&"456" 结果是 "123456"。

&、+这两个字符串运算符也是有区别的。使用+运算符时,只有当运算符两边都是字符串时才能得出正确结果。如果一边是字符串,一边是数值型数据,将有可能会报错。而&运算符两边不一定都是字符串,也能得出正确结果。

例如:

```
"abcdef" & 12345          ' 结果为 "abcdef12345 "
"abcdef " + 12345         ' 出错
"123" &   456             ' 结果为 " 123456 "
"123" +   456             ' 结果为  579
```

注意:

```
"123 " +  True            ' 结果为  122
```

True 转换为数值 1,False 转换为数值 0。

3. 关系运算符

功能：将两个操作数进行大小比较，结果为逻辑量 True 或 False，见表 2-7。如果操作数为字符串，则按字符的 ASCII 码值从左到右一一比较，直到出现不同的字符为止。

例如："ABCDE" > "ABRA" 结果为 False。

"男字" > "女字" 结果为 False。汉字进行比较时，按汉字的拼音字母比较。

表 2-7 关系运算符

运算符	举 例	结 果
=	"ABCDE" = "ABR"	False
>	"ABCDE" > "ABR"	False
>=	"bc">="abcdef"	True
<	23<3	False
<=	"23"<"3"	True
<>	"abc"<>"ABC"	True

4. 逻辑运算符

功能：将操作数进行逻辑运算，结果是逻辑值 True 或 False，见表 2-8。

条件表达式 1   And   条件表达式 2   条件表达式均为 T，结果为 T。
条件表达式 1   Or   条件表达式 2   条件表达式有一个为 T，结果为 T。

表 2-8 逻辑运算符

运算符	说明	优先级	说 明	例	结果
Not	取反	1	当操作数为假时，结果为真	Not F	T
And	与	2	操作数为真时，结果才为真	T And F T And T	F T
Or	或	3	操作数中有一个为真时，结果为真	T Or F F Or F	T F
Xor	异或	3	操作数相反时，结果才为真	T Xor F T Xor T	T F

二、表达式

1. 组成

表达式通常可以由变量、常量、函数、运算符和圆括号组成。

2. 书写规则

（1）运算符不能相邻。例如 a+ –b 是错误的。

（2）乘号不能省略。例如 x 乘以 y 应写成 x*y

（3）括号必须成对出现，均使用圆括号。
（4）表达式从左到右在同一基准上书写，无高低、大小。

3. 不同数据类型的转换

运算结果的数据类型向精度高的数据类型转换。

精度从低到高的排序为 Integer<Long<Single<Double<Currency。

4. 各运算符的优先级

算术运算符>=字符运算符>关系运算符>逻辑运算。

✎ 知识巩固

例 计算圆面积和周长

利用文本框输入圆半径，计算圆面积和圆周长，运行界面如图 2-7 所示。

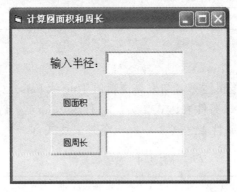

图 2-7 计算圆面积和周长程序运行界面

程序代码如下：

```
Dim s
Dim l
Dim r
Private Sub Command1_Click()            '计算圆面积
r = Trim(Text1.Text)
s = 3.14 * r * r
Text2.Text = s
End Sub

Private Sub Command2_Click()            '计算圆周长
r = Trim(Text1.Text)
l = 2 * 3.14 * r
Text3.Text = l
End Sub
```

2.3 项目 字符串函数综合举例

📝 项目说明

编写一个字符串操作程序，程序界面如图 2-8 所示。

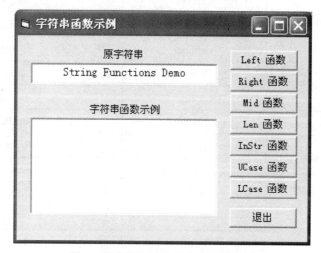

图 2-8 字符串操作程序运行主界面

📝 项目分析

使用不同的字符串转换函数，将指定字符串进行处理，处理的结果显示在下面的文本框中。

📝 编程实现

一、界面设计

本程序中使用了 3 种常用控件：标签、文本框和命令按钮。在窗体 Form1 中有 3 个标签控件，3 个文本框控件，2 个按钮控件，添加方法在第一章里已经介绍过，这里不再重复。

各个控件的属性值设置见表 2-9。

表 2-9 窗体中各控件的属性值

控件	属性	属性值
窗体	Name	Form1
	Caption	字符串函数示例
文本框 1	Name	Text1
	Text	空白

控件	属性	属性值
文本框 2	Name	Text2
	Text	空白
标签 1	Name	Label1
	Caption	原字符串
标签 2	Name	Label2
	Caption	字符串函数示例
命令按钮 1	Name	cmdLeft
	Caption	Left 函数
命令按钮 2	Name	cmdRight
	Caption	Right 函数
命令按钮 3	Name	cmdMid
	Caption	Mid 函数
命令按钮 4	Name	cmdLen
	Caption	Len 函数
命令按钮 5	Name	cmdInStr
	Caption	InStr 函数
命令按钮 6	Name	cmdUCase
	Caption	UCase 函数
命令按钮 7	Name	cmdLCase
	Caption	LCase 函数
命令按钮 8	Name	cmdExit
	Caption	退出

二、事件过程代码

程序代码如下：
Option Explicit

```
Dim strS As String              '模块级变量用于存放原始字符串

Private Sub cmdExit_Click()     '退出
    Unload Me                   '窗体卸载
End Sub
Private Sub cmdInStr_Click()    'InStr 函数
```

```vb
    Dim strS1 As String              '定义过程级变量
    strS1 = " 字母"D"是字符串的" & vbCrLf & "    第 " & InStr(strS, "D") & " 个字符。"
    Text2.Text = strS1               '显示函数执行结果
End Sub

Private Sub cmdLCase_Click()    'LCase 函数
    Dim strS1 As String
    strS1 = " 字符串全部转换为小写字母:" & vbCrLf & "    " & LCase$(strS)
    Text2.Text = strS1
End Sub

Private Sub cmdLeft_Click()    'Left$ 函数
    Dim strS1 As String
    strS1 = " 字符串前 3 个字符是:" & vbCrLf & "    " & Left$(strS, 3)
    Text2.Text = strS1
End Sub

Private Sub cmdLen_Click()    'Len 函数
    Dim strS1 As String
    strS1 = " 字符串的长度是:" & vbCrLf & "    " & Len(strS) & " 个字符"
    Text2.Text = strS1
End Sub

Private Sub cmdMid_Click()    'Mid 函数
    Dim strS1 As String
    strS1 = " 从字符串第 8 个字符开始的 4 个字符是:" & vbCrLf & "    " & Mid$(strS, 8, 4)
    Text2.Text = strS1
End Sub

Private Sub cmdRight_Click()    'Right$ 函数
    Dim strS1 As String
    strS1 = " 字符串最后 3 个字符是:" & vbCrLf & "    " & Right$(strS, 3)
    Text2.Text = strS1
End Sub

Private Sub cmdUCase_Click()    'UCase 函数
    Dim strS1 As String
    strS1 = " 字符串全部转换为大写字母:" & vbCrLf & "    " & UCase$(strS)
    Text2.Text = strS1
```

```
        End Sub

        Private Sub Form_Load()         '窗体加载
            Text1.Locked = True         '锁定文本框
            strS = Text1.Text           '将原始字符串赋予变量
        End Sub
```

学习支持

常用内部函数

1. 数学函数（见表 2-10）

表 2-10 基本数学函数

函 数	说 明	示 例
Sin(N)	返回自变量 N 的正弦值	Sin(0)=0　N 为弧度
Cos(N)	返回自变量 N 的余弦值	Cos(0)=1　N 为弧度
Tan(N)	返回自变量 N 的正切值	Tan(0)=0　N 为弧度
Atn(N)	返回自变量 N 的反正切值	Atn(0)=0　函数值为弧度
Sgn(N)	返回自变量 N 的符号(N<0，返回-1) N=0，返回 0 N>0，返回 1	Sgn(-35) =-1 Sgn(0)=0 Sgn(35)=1
Abs(N)	返回自变量 N 的绝对值	Abs(-3.5)=3.5
Sqr(N)	返回自变量 N 的平方根，N≥0	Sqr(9)=3
Exp(N)	返回 e 的 N 次幂值，N≤0	Exp(3)=20.086
Log(N)	返回 N 的自然对数，N>0	Log(10)=2.3
Int(N)	返回不大于 N 的最大整数	Int(3.6)=3 Int(-3.6)=-4
Fix(N)	返回 N 的整数部分	Fix(-3.3)=-3 Fix(3.6)=3
Cint(N)	返回 N 四舍五入后的整数	Cint(3.6)=4
Rnd[(N)]	返回 0~1 之间的随机小数	
Round(N1，N2)	按 N2 小数位舍入 N1。若省略 N2，N1 返回整数	Round(4.844)=4 Round(5.7383，3)=5.738

说明：以上表中列举的都是基本数学函数，还有一些非基本数学函数可以由基本数学函数导出，见表 2-11。

表 2–11　非基本数学函数

函　数	由基本函数导出之公式
Secant（正割）	Sec(X)= 1 / Cos(X)
Cosecant（余割）	Cosec(X)= 1 / Sin(X)
Cotangent（余切）	Cotan(X)= 1 / Tan(X)
Inverse Sine（反正弦）	Arcsin(X)= Atn(X / Sqr(–X * X + 1))
Inverse Cosine（反余弦）	Arccos(X)= Atn(–X / Sqr(–X * X + 1))+ 2 * Atn(1)
Inverse Secant（反正割）	Arcsec(X)= Atn(X / Sqr(X * X – 1))+ Sgn((X)– 1)*(2 * Atn(1))
Inverse Cosecant（反余割）	Arccosec(X)= Atn(X / Sqr(X * X – 1))+(Sgn(X)–1)*(2 * Atn(1))
Inverse Cotangent（反余切）	Arccotan(X) = Atn(X) + 2 * Atn（1）
以 N 为底的对数	LogN(X) = Log(X) / Log(N)

2．转换函数（见表 2–12）

表 2–12　转换函数

函　数	说　明	示　例
Asc（X$）	返回 X$的第一个字符的 ASCII 码值	Asc（"abc"）=97
Chr$(X)	把 X 的值转换为对应的 ASCII 字符	Chr（97）="a"
Hex$(X)	将十进制数 X 转换成十六进制数，是数值行字符串	Hex（65535）=5
Oct$(X)	将十进制数 X 转换成八进制数，是数值行字符串	Oct（65535）=177 777
Str$(X)	把 X 的值转换为一个字符串	Str（100）="100"
UCase$(X)	把 X 值中小写字母转换为大写字母	UCase（"aBcDefg"）="ABCDEFG"
LCase$(X)	把 X 值中大写字母转换为小写字母	LCase（"aBcDefg"）="abcdefg"
Val(X)	将数值字符串 X 转换为数值	Val（"123"）=123
IsNumeric（X$）	若 X$为数字型字符串，返回 True	IsNumeric（"abc"）=False
CInt(X)	把 X 的小数部分四舍五入，转换为整数	Cint（–3.64）=–4
CCur(X)	把 X 的转换为货币类值，小数部分最多保留 4 位且自动四舍五入	CCur（3.1236568）=3.1237 转换后的 3.1237 为货币类型
CDbl(X)	把 X 的值转换为双精度数	CDbl（1.12345678!）= 1.2345677614212#
CLng(X)	把 X 的小数部分四舍五入转换为长整型数	CLng（1234.5678）=1235
CSng(X)	把 X 值转换为单精度数	CSng（1.2345677614212）= 1.234568

函　数	说　明	示　例
CVar(X)	把 X 值转换为变体类型值	a$=CVar（123）/把'123'转换为变体类型赋给字符型变量 a，那'123'也转为字符类型。 b$="abc"+ a$/把字符常量 abc 和变量 a 连接起来赋给变量 b ? b$/显示变量 b 里的内容 "abc123"

3. 字符串函数（表2–13）

表 2–13　字符串函数

函　数	说　明	示　例
LTrim$(C$)	去掉 C$左边的空白字符	LTrim$("　abc")="abc"
RTrim$(C$)	去掉 C$右边的空白字符	RTrim$("abc　") ="abc"
Trim$(C$)	去掉 C$两边的空白字符	Trim$("　abc　")="abc"
Left$(C$, n)	取 C$字符串左部的 n 个字符	Left$("abc", 2)= "ab"
Right$(C$, n)	取 C$字符串右部的 n 个字符	Right$("abc", 2)= "bc"
Mid$(C$, p, n)	从位置 p 开始取 C$字符串的 n 个字符	Mid$("abcdef", 3, 3)= "cde"
Len(C$)	返回 C$字符串的长度	Len("VB 程序设计")=6
LenB(C$)	返回 C$字符串的字节数	LenB("VB 程序设计")=12
String$(n, C$)	返回由 C$首字符组成的字符串，字符串长度为 n	String$(2, "abc")="aa"
Space$(n)	返回 n 个空格	Space$(3)= "　　　"
Instr([n,]C1$, C2$[, M])	在 C1 中从 n 开始找 C2，查到返回位置，否则返回 0。省略 n 表示从头开始找，M 表示是否区分大小写	Instr(2, "abcc", "bc")=2 Instr(2, "abcc", "d")=0
Join(A[, D])	将数组 A 各元素按 D（或空格）分隔符连接成字符串变量	A=array("123", "BC", "c") Join(A, "")=123BCc
Replace$(C$, C1$, C2$[, N1][, N2][, M])	在 C 字符串中从 1（或 N1）开始将 C2 替代 C1(有 N2，替代 N2 次)	Replace$("abcdabcd", "cd", 123")="ab123ab123"

4. 日期和时间函数（表2-14）

表2-14 日期和时间函数

函　数	说　明	示　例
Now	返回系统当前的日期和时间	Now=2004-4-18 11：10：56
Date	返回系统当前的日期	Date=2004-4-18
Time	返回系统当前的时间	Time=11：10：56
Day（Now）	返回当前的日（1-31）	Day（Now）=18
WeekDay（Now）	返回当前星期的第几天（1-7）	WeekDay（Now）=1
Month（Now）	返回当前的月份（1-12）	Month（Now）=4
Year（Now）	返回当前的年份	Year（Now）=2004
Hour（Now）	返回小时（0-23）	Hour（Now）=11
Minute（Now）	返回分钟（0-59）	Minute（Now）=10
Second（Now）	返回秒（0-59）	Second（Now）=56

常用的日期和时间函数中还有两个比较重要的函数。

（1）DateAdd（）：增减日期函数。

格式：DateAdd（要增减的日期形式，增减量，要增减的日期变量）

功能：对要增减的日期变量按日期形式做增减。要增减的日期形式见表2-15。

例如，DateAdd（"ww"，2，#2004-4-17#）表示在指定的日期#2004-4-17#上加2周。所以，函数的结果为#2004-5-1#。

（2）DateDiff（）函数：时间间隔日期函数。

格式：DateDiff（要间隔日期形式，日期1，日期2）

功能：表示两个指定日期间的时间间隔数目。要间隔的日期形式见表2-15。

例如，要计算现在离毕业（假定2004年7月1日）还有多少天？表达式为
DateDiff（"d"，Now，#2004-7-1#）。

表2-15 日期形式

日期形式	yyyy	q	m	Y	d	w	ww	h	n	s
意义	年	季	月	一年的天数	日	一周的日数	星期	时	分	秒

5. 随机函数

在测试、模拟及游戏程序中，经常使用随机数。Visual Basic的随机函数和随机数种子生成语句就是用来产生随机数的。

1）随即函数 Rnd[(X)]

格式：Rnd（数值）或Rnd（）

含义：返回一个单精度的随机数，其范围为0≤Rnd<1。

该函数功能见表2-16

表 2–16 随机函数功能

数 值	含 义
小于 0	每次都使用数值作为随机数种子，得到的相同结果
大于 0	以上一个随机数作为种子，产生序列中的下一个随机数
等于 0	产生与最近生成的随机数相同的数
省略	以上一个随机数作为种子，产生序列中的下一个随机数

例如：Rnd 产生 0～1 间的随机数。

Rnd 函数返回 0～1（包括 0 和不包括 1）之间的数。在实际使用中，可能需要将随机数扩大范围或者限制在特定范围内。若要得到 0～50 间（不包括 50）的随机数，可以直接用得到的随机数乘以 50 来扩大随机数范围，即 Rnd*50。

例如，若要产生 1～100 的随机整数可通过 Int（Rnd *100）+1 表达式。

注意：① Rnd 通常与 Int 函数配合使用。例如，Int（4*Rnd+1）可以产生 1～4 之间（含 1 不含 4）的随机整数。

② 若要生成[a，b]区间范围内的随机整数，可以用表达式

Int((b–a+1)*Rnd + a)

2）随即数种子生成语句 Randomize

直接使用 Rnd 函数每次得到的序列都是一样的。在使用中，如果希望每次都得到不同的序列，那么就可以在使用 Rnd 函数之前，先用 Randomize 随机数种子生成器语句来初始化随机数生成器，给它一个新的种子值。这样，可以使得 Rnd 函数产生的随机数为不同的序列。如果没有使用 Randomize 语句，则无参数的 Rnd 函数使用第一次调用 Rnd 函数时使用的种子值产生随机数序列，那么随后产生的随机数序列和第一次相同。例如：

Dim MyRnd

Randomize

MyRnd=Int（6*Rnd（））

先将随机数种子生成器初始化，然后生成 0≤Rnd<6 的随机整数。

6. Shell（ ）函数

在 Visual Basic 中，不仅可以调用内部函数，还可以调用各种应用程序。凡是能在 DOS 或 Windows 系统下运行的可执行程序，都可以在 Visual Basic 中被调用。这是通过 Shell()函数来实现的。

格式：Shell（命令字符串[，窗口类型]）

说明：

（1）命令字符串：要执行的应用程序名，包括路径，必须是可执行的文件（扩展名为 exe、com、bat）。

（2）窗口类型：表示执行应用程序的窗口类型，可选择 0～4 或 6 的整型数值。一般取 1 表示正常窗口状态。默认值为 2，表示窗口会以一个具有焦点的图表来显示。

（3）函数成功调用的返回值为一个任务标识 ID。该标识是运行程序的唯一标识，用于程序调试时判断应用程序是否正确执行。

例如,当程序在运行时执行 Windows 的计算器,然后切换到记事本程序,则调用 Shell 函数如下:

i= Shell("C:\windows\calc.exe", 1)

j= Shell("C:\windows\notepad.exe", 1)

程序执行到第一条语句时,显示计算器界面,马上又执行下一语句,切换到记事本界面。

☞ 知识巩固

例　要求单击窗体后,日期函数显示如图 2-9 所示图形

提示:① 在窗体的单击事件(Click)中编写代码。② 使用 print 方法。要熟悉 Print 方法的格式。

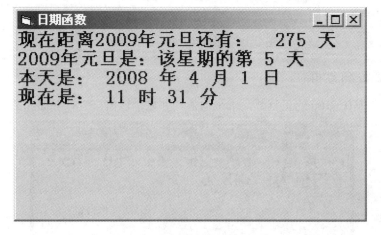

图 2-9　单击事件程序运行界面

程序代码如下:

```
Private Sub Form_Click()
    x = #1/1/2009#
    a = x - Date
    b = Weekday(x)
    c = Year(Date)
    d = Month(Date)
    e = Day(Date)
    f = Hour(Time)
    g = Minute(Time)
    Print "现在距离 2009 年元旦还有:"; a; "天"
    Print "2009 年元旦是:该星期的第"; b; "天"
    Print "本天是:"; c; "年"; d; "月"; e; "日"
    Print "现在是:"; f; "时"; g; "分"
End Sub
```

课堂训练与测评

1. Shell 函数

窗体上有 2 个命令按钮,第 1 个按钮显示"字处理",第 2 个按钮显示"VB6.0"。要求单击命令按钮,利用 Shell 函数执行对应的应用程序,运行界面如图 2-10 所示。

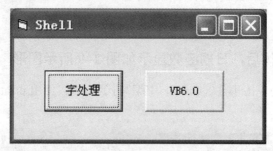

图 2-10　Shell 函数程序运行界面

2. 随机函数的应用

随机产生 5 个 0~100 的正整数,求平均值,并显示该值。运行界面如图 2-11 所示。

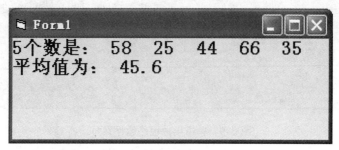

图 2-11　随机函数程序运行界面

项目完成总结(注意事项)、小贴士

显示输出——Print 语句

Print 语句的作用是在当前活动窗体中显示信息,显示信息的位置从左上角开始。Print 语句由关键字 Print 组成,后面跟着一系列输出项。输出项可以是数值常量、字符串常量或者表达式。连着的各项必须用逗号或分号隔开。逗号使数据项隔得较开,而分号隔得较近。空的 Print 语句输出空的一行。

第 3 章 Visual Basic 基本语句

和传统的程序设计语言一样，Visual Basic 也具有结构化程序设计的 3 种结构，顺序结构、选择结构、循环结构。这 3 种结构是程序设计的基础。

3.1 顺序结构

顺序结构是程序设计中最简单、最常用的基本结构，按照各语言出现的先后顺序执行。在 Visual Basic 中顺序结构的主要语句是赋值语句，输入输出语句（可以通过文本框、Print 方法等实现）。系统还提供了与用户交互的函数和过程来实现这些功能。

3.1.1 项目 赋值语句

◇ 项目说明

利用赋值语句给变量或对象属性输入数据。

已知 $a=6$，$b=9$，计算 $c=\sqrt{a^2+b^2}$

◇ 项目分析

声明 3 个单精度变量 a，b，c，分别给变量 a、b 赋值

$6 \rightarrow a$

$9 \rightarrow b$

计算表达式，其结果 $10.81665 \rightarrow c$

◇ 编程实现

代码编写

编写的窗体单击事件过程代码如下：

```
Private Sub Form_Click()
    Dim a As Single, b As Single, c As Single
    a = 6
    b = 9
    c = Sqr(a * a + b * b)
    Print "c=" & c
End Sub
```

运行程序后单击窗体，输出结果如下：c=10.81665

📖 学习支持

给变量赋值

格式：[Let] 变量名=表达式

功能：计算右端的表达式，并把结果赋值给左端的变量。

赋值含义：将值送到变量的存储单元中去。

说明：(1) 表达式中的变量必须是赋过值的，否则变量的初始值自动取 0 值（变长字符串变量取空字符）。例如：

    a = 1

    c = a + b + 3   'b 未赋过值，为 0。

  执行后，c 值为 4。

(2) 利用赋值语句，可以改变变量的值。因此，同一变量在不同时刻可以取不同的值。

(3) 赋值语句跟数学中等式具有不同的含义。例如，赋值语句 x=x+1 表示把变量 x 的当前值加上 1 后再将结果赋给变量 x。

"先读后写"：读出 x 的内容→x 加 1→写回 x（覆盖原有内容）。

📖 知识巩固

例 单击窗体后，显示如下内容

    *A=3

    **A=7

    ***A=17

程序代码如下：

```
Private Sub Form_Click()
    a = 3 :    Print "*A=" & a
    a = 7 :    Print "**A=" & a
    a = a * 2 + 3 :   Print "***A=" & a
End Sub
```

3.1.2 项目 对象属性赋值

📖 项目说明

设计一个"万年历"程序，用来查看某年的元旦是星期几。

📖 项目分析

计算某年 y 的元旦是星期几，可由以下式子得出。

f = y−1 +[(y−1)/4] − [(y−1)/100] + [(y−1)/400]+ 1 '其中 [ ] 表示求整。

k = f Mod 7   'f 除以 7 的余数

y 为某年公元年号，计算出 k 为星期几。

📝 编程实现

一、设计用户界面，设置对象属性

"万年历"程序运行时界面如图 3–1 所示。

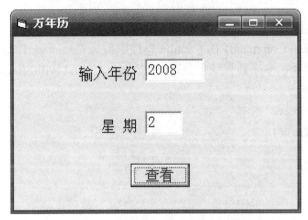

图 3–1 "万年历"程序运行界面

设置对象属性：属性设置见表 3–1。

表 3–1 "万年历"程序对象属性设置

对　　象	Name（名称）	Caption	作　　用
窗体	Form1（默认值）	万年历	提示信息
标签 1	Label1（默认值）	输入年份	
标签 2	Label2（默认值）	星期	
命令按钮 1	Command1（默认值）	查看	
文本框 1	Text1（默认值）		输入年份
文本框 2	Text2（默认值）		显示星期几

二、代码编写

功能要求：用户在"输入年份"文本框（Text1）中输入某一年份，单击"查看"按钮时，则在"星期"文本框（Text2）中显示出星期几。

"查看"按钮（Command1）单击事件过程代码如下：

    Private Sub Command1_Click()
        Dim y As Integer, f As Integer, k As Integer
        y = Val(Text1.Text) −1
        f = y + Int(y/4) − Int(y/100) + Int(y/400) + 1

```
    k = f  Mod  7
    Text2.Text = k
End Sub
```

✎ 学习支持

为对象的属性赋值

一般格式为：
对象.属性=属性值
例如，对命令按钮 Command1 的 Caption 属性赋值为 Command1.Caption="查看"
如果为同一个对象的多个属性赋值，可以使用 with…End With 语句。例如：

```
With Text1
      .FontName = "隶书"
      .FontSize = 18
End With
```

✎ 知识巩固

例 输入一个总秒数，转换成小时、分钟和秒数

如输入 4 852 秒，则输出 1 小时 20 分 52 秒。
（1）创建应用程序的运行界面，如图 3–2 所示。

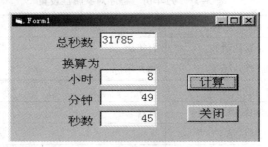

图 3–2 例题运行界面及结果

（2）设置对象属性见表 3–2。

表 3–2 对象属性及说明

对象	Name（名称）	Caption	文本（Text）	作用
窗体	Form1（默认值）	Form1		
标签 1	Label1（默认值）	总秒数		提示信息
标签 2	Label2（默认值）	换算为		提示信息
标签 3	Label3（默认值）	小时		提示信息
标签 4	Label4（默认值）	分钟		提示信息

续表

对　　象	Name（名称）	Caption	文本（Text）	作　　用
标签 5	Label5（默认值）	秒数		提示信息
命令按钮 1	Command1（默认值）	计算		
命令按钮 1	Command2（默认值）	关闭		
文本框 1	Text1（默认值）		空白	输入总秒数
文本框 2	Text2（默认值）		空白	显示小时
文本框 3	Text3（默认值）		空白	显示分钟
文本框 4	Text4（默认值）		空白	显示秒

程序代码如下：

```
Private Sub Command1_Click()
    Dim h As Integer, m As Integer, s As Integer, t As Integer
    t = Val(Text1.Text)
    h = t \ 3600
    t = t – h * 3600
    m = t \ 60
    s = t – m * 60
    Text2.Text = h
    Text3.Text = m
    Text4.Text = s
End Sub
Private Sub Command2_Click()
    End
End Sub
```

3.1.3　项目　输入框 InputBox 函数

Visual Basic 与用户之间的直接交互是通过 InputBox 函数、MsgBox 函数和 MsgBox 过程实现的。

✏ 项目说明

通过输入框输入姓名，显示如图 3-3 所示的输入对话框。

✏ 项目分析

利用 InputBox 函数创建输入对话框。对话框的标题是"输入框"，提示内容是"请您输入你的姓名然后单击确定"。

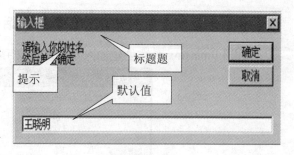

图 3-3　输入对话框

编程实现

代码编写

窗体单击事件过程代码如下：
```
Private Sub Form1_Click()
Dim   strName   As   String * 40
strName= InputBox("请输入你的姓名" + vbCrLf + "然后单击确定", "输入框")
End Sub
```

学习支持

InputBox 函数

InputBox（提示 [，标题] [，默认] [，x 坐标位置] [，y 坐标位置]）
提示：提示信息，不能默认。提示信息为一个字符串表达式，在对话框中作为信息显示。
标题：对话框标题，为字符串表达式。若默认，则把应用程序名作为对话框标题。
默认：字符串表达式。当输入对话框中无输入时，则该默认值作为输入的内容。
x 坐标位置、y 坐标位置：整型表达式，用来确定对话框左上角在屏幕上的位置。屏幕左上角为坐标原点。
函数返回字符类型，返回的值是文本框中输入的值。
其中 vbCrlf 是回车换行的意思。
也可以使用如下语句：
Dim strName As   String * 40，strS1   As   String * 40
strS1 = "请输入你的姓名" + Chr（13）+ Chr（10）+ "然后单击确定"
strName= InputBox（strS1，"输入框"，，100，100）
其中 Chr（13）表示回车，Chr（10）表示换行。
当键盘输入"王晓明"后，变量 strName 获得键盘输入的值。

知识巩固

例　产生一个能接收用户输入的对话框

利用 InputBox 函数创建输入对话框接收用户输出，如图 3-4 所示。

图 3-4　"文件名"输入对话框

程序代码如下：
filename$=InputBox（"请输入文件名" + Chr（13）+"（不超过 8 个字符）"，"文件名"，vbfile）

3.1.4 项目　MsgBox 函数

✎ 项目说明

通过消息框显示消息，显示如图 3-5 所示的消息提示对话框。

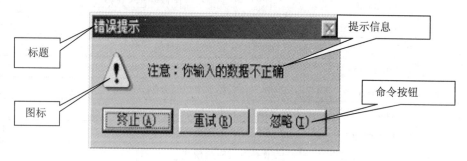

图 3-5　消息提示对话框

✎ 项目分析

利用 MsgBox 函数编写上面的信息框，把每一项都描述出来。

✎ 编程实现

程序代码如下：
a%=MsgBox（"注意：，你输入的数据不正确"，2+48，"错误提示"）

✎ 学习支持

MsgBox 函数

变量 [%] = MsgBox（提示 [，按钮 [＋图标] + [默认按钮] + [模式]] [，标题]）
说明：
（1）"标题"和"提示"与 InputBox 函数中对应的参数相同。
（2）"按钮＋图标+默认按钮+模式"是整型表达式，决定消息框按钮数目、出现在消息框上的图标类型及操作模式（见表 3-3）。
（3）若程序中需要返回值，则使用函数。否则，可调用过程。
注意：以上按钮的 4 组方式可以组合使用。
MsgBox 的作用是打开一个信息框，等待用户选择一个按钮。MsgBox 函数返回所选按钮的整数值，其返回值意义见表 3-4。

表 3–3 按钮设置值及意义

分组	内部函数	按钮值	描述
按钮数目	vbOkOnly	0	只显示"确定"按钮
	vbOkCancel	1	显示"确定"、"取消"按钮
	vbAboutRetryIgnore	2	显示"终止"、"重试"、"忽略"按钮
	vbYseNoCancel	3	显示"是"、"否"、"取消"按钮
	vbYseNo	4	显示"是"、"否"按钮
	vbRetryCancel	5	显示"重试"、"取消"按钮
图标类型	VbCritical	16	关键信息图标红色 STOP 标志
	VbQuestion	32	询问信息图标？
	VbExclamation	48	警告信息图标！
	VbInfomation	64	信息图标 i
默认按钮	VbDefaultButton1	0	第一个按钮为默认按钮
	VbDefaultButton2	256	第二个按钮为默认按钮
	VbDefaultButton3	512	第三个按钮为默认按钮
模式	VbApplicationModale	0	应用模式
	VbSystemModal	4 096	系统模式

表 3–4 MsgBox 函数返回值及意义

内部常数	返回值	被按下的按钮
vbOk	1	确定
vbCancel	2	取消
vbAbout	3	终止
vbRetry	4	重试
VbIgnore	5	忽略
vbYes	6	是
vbNo	7	否

知识巩固

例 产生一个能提示用户信息的消息框

设计一个程序，在窗体上放置 1 个标签、1 个文本框和 3 个命令按钮，如图 3-6 所示。

程序要求：程序开始运行后，用户在文本框中输入一个密码，将这个密码与程序中事先给出的密码进行比较。如果两个密码不相同，系统就会显示一个消息框，提示用户输入的密码不正确；如果两个密码相同，也显示一个消息框，告诉用户输入的密码正确。如果用户选择了消息框上的"取消"按钮，则结束程序运行。单击"结束"按钮，也能结束程序的运行。

消息框如图 3-7 所示。

图 3-6　程序运行主界面　　　　　　图 3-7　消息提示对话框

程序代码如下：
```
Private Sub cmdClear_Click()
    txtPW.Text = ""
    txtPW.SetFocus
End Sub


Private Sub cmdCheck_Click()
    pw$ = "MyProgram"          '这是预设的密码
    Title$ = "密码核对框"
    Info1$ = "你输入了正确的密码"
    Info2$ = "你输入的密码不正确"
    If Text1.Text = pw$ Then
        answer = MsgBox(Info1$，65，Title$)         '1+64+0=65
    Else
        answer = MsgBox(Info2$，277，Title$)        '16+5+256=277
    End If
    If answer = 2 Then End    '选择了"取消"按钮
    If answer = 1 Then        '选择了"确定"按钮
        txtPW.Text =""
        txtPW.SetFocus
    End If
End Sub
```
程序中事先设置了一个字符串"MyProgram"作为密码。假如用户输入的密码（即文本框 txtPW 的 Text 属性值）等于"MyProgram"（即 pw$），则执行如下语句。
　　answer = MsgBox（Info1$，65，Title$）
　　MsgBox 函数的第 1 个参数是消息框中的提示文字。现在，Info1$的值是"你输入了正确的密码"，出现在消息框的中间位置上。函数的第 3 个参数用来指定消息框的标题。现在，Title$ 值是"密码核对框"，出现在消息框的顶部。第 2 个参数（现为 65）决定消息框内的按钮和图标的种类、数目。该参数是 3 个数值相加之和。这 3 个数值分别代表按钮的类型、显示图标的种类和哪一个按钮是默认的"活动按钮"。

3.1.5 项目 MsgBox 过程

项目说明

通过输入框输入姓名，然后在消息框中显示出来。

项目分析

在窗体的 Load 事件中，显示输入对话框，运行时屏幕的显示如图 3-8 所示，输入姓名后单击"确定"按钮，输入内容通过消息对话框显示出来如图 3-9 所示。

编程实现

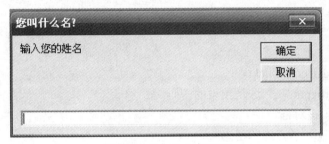

图 3-8 输入姓名对话框

程序代码如下：
```
Private Sub Form_Load()
    Dim x as String
    x$ = InputBox("输入您的姓名", "您叫什么名?")
    MsgBox (x$ & "先生：祝您马到成功！")
End Sub
```

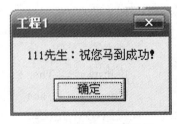

图 3-9 显示消息对话框

学习支持

MsgBox 过程
MsgBox 过程格式：MsgBox 提示[, 按钮][, 标题]
MsgBox 过程没有返回值。所有参数的设置与 MsgBox 函数相同。

知识巩固

在窗体上添加 1 个发送按钮。单击这个按钮时，显示如图 3-10 所示对话框。该对话框提示您输入身份证号，并将输入内容保存在变量 strIDcard 中。单击对话框中的"确定"按钮后，弹出如图 3-11 所示的对话框，提示用户进行审查并做出选择。

图 3-10 InputBox 运行界面

图 3-11 MsgBox 运行界面

程序代码如下：
Private Sub Command1_Click()
Dim strIDcard As String, strText As String
strText ="请输入您的身份证号并单击"确定"" + Chr(13) + Chr(10) +"重新填写请单击"取消" "
strIDcard = InputBox$(strText, "身份证号",, 100, 100)
MsgBox "请确认您的身份证号码" + Chr(13) + Chr(10) + strIDcard, vbYesNoCancel + vbQuestion + vbDefaultButton2
End Sub

课堂训练与测评

例 编写一个账号和密码检验程序

要求：
该程序运行界面如图 3-12 所示。
账号不超过 6 位数字，如果有错，清除原内容再输入。
若账号中含有非数字字符，则提示"账号有非数字字符错误"，此过程使用了 MsgBox 过程。密码输入时在屏幕上以 "*"代替，若密码错，显示"密码错误"，此过程使用了 MsgBox()函数。如果用户选择"重试"按钮，清除原内容再输入；选择"取消"按钮，停止运行程序。

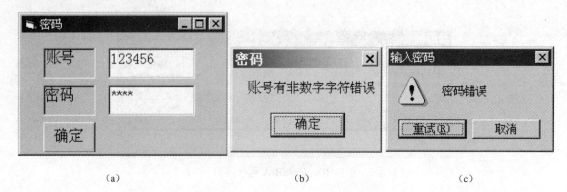

(a)　　　　　　　　　(b)　　　　　　　　　(c)

图 3-12　账号密码校验程序运行界面

分析：

账号不超过6位数字，则文本框的 MaxLength 属性设为6。在 LostFocus 事件中用 IsNumeric 函数来判断用户输入的字符是否为数字。

密码输入时在屏幕上以"*"代替，则将密码文本框的 PassWordChar 属性设为"*"。使用 MsgBox 函数设置密码错误对话框。

程序代码如下：

```
Private Sub Form_Load()
    Text2.PasswordChar = "*"
    Text2.Text = ""
    Text1.Text = ""
End Sub
Private Sub Text1_LostFocus()
    If Not IsNumeric(Text1.Text) Then
        MsgBox "账号有非数字字符错误"
        Text1.Text = ""
    '    Text1.SetFocus
    End If
End Sub
Private Sub Command1_Click()
    Dim i As Integer
    If Text2.Text <> "Gong" Then
        '5=vbRetryCancel
        i = MsgBox("密码错误", 5 + vbExclamation, "输入密码")
        '4=vbretry
        If i <> 4 Then
            End
        Else
            Text2.Text =""
```

第 3 章　Visual Basic 基本语句

```
                Text2.SetFocus
            End If
        End If
End Sub
```

3.2 选择结构

选择结构用于判断给定的条件，根据判断的结果来控制程序的流程。Visual Basic 中，提供了多种形式的条件语句来显现选择结构。

（1）If...Then 语句（单分支结构）。
（2）If...Then...Else 语句（双分支结构）。
（3）If...Then...ElseIf 语句（多分支结构）。
（4）Select Case 语句（情况语句，多分支结构）。

3.2.1　项目　单分支结构

◇ **项目说明**

已知两个数 x 和 y，比较它们的大小，使得 x 大于 y。

◇ **项目分析**

学会两个数的交换。两个数的交换需要借助于一个变量，如图 3-13 所示。

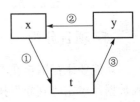

图 3-13　两个数交换过程

◇ **编程实现**

```
        If   x<y Then
            t=x
            x=y
            y=t
        End If
    或   If   x<y Then t=x: x=y: y=t
```

◇ **学习支持**

If...Then 语句（单分支结构）

格式：
```
        If <表达式> Then
            语句块
        End If
```

或　If <表达式> Then <语句>

功能：如果条件为真，执行 Then 后面的语句；如果条件为假，不执行 Then 后面的语句，执行 End If 后面的语句。其流程如图 3-14 所示。

知识巩固

例　计算分段函数

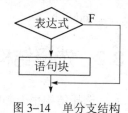

图 3-14　单分支结构

$$y=\begin{cases} \sin x+\sqrt{x^2+1} & x\neq 0 \\ \cos x-x^3+3x & x=0 \end{cases}$$

程序代码如下：
y=cos(x)－x^3+3*x
If x<>0 Then　　y=sin(x)+sqr (x*x+1)

3.2.2　项目　双分支结构

项目说明

输入 3 个数 a、b、c，求出其中最大数。

项目分析

功能要求：用户在"a="文本框(Text1)、"b="文本框(Text2)和"c="文本框(Text3)中输入数据，单击"判断"按钮后，则在"最大数="文本框(Text4)中输出结果。

编程实现

一、设计用户界面，设置对象属性

程序运行时界面如图 3-15 所示。

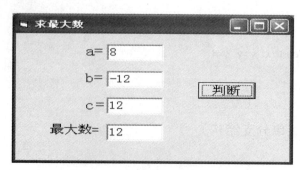

图 3-15　3 个数求最大值运行界面

对象属性设置见表 3-5。

第3章 Visual Basic 基本语句

表 3-5 对象属性设置

对 象	Name（名称）	Caption	作 用
窗体	Form1（默认值）	求最大数	提示信息
标签 1	Label1（默认值）	a=	
标签 2	Label2（默认值）	b=	
标签 3	Label3（默认值）	c=	
标签 4	Label4（默认值）	最大数=	
命令按钮 1	Command1（默认值）	判断	
文本框 1	Text1（默认值）		输入数据 1
文本框 2	Text2（默认值）		输入数据 2
文本框 3	Text3（默认值）		输入数据 3
文本框 4	Text4（默认值）		输出最大数

二、代码编写

"判断"按钮的单击事件过程代码如下：

```
Private Sub Command1_Click()
    Dim a As Integer, b As Integer
    Dim c As Integer, m As Integer
    a = Val(Text1.Text)
    b = Val(Text2.Text)
    c = Val(Text3.Text)
    If a > b Then
        m = a                    'm 用来存放较大值
    Else
        m = b
    End If
    If c > m Then m = c
    Text4.Text = m
End Sub
```

☞ 学习支持

If...Then...Else 语句（双分支结构）

格式：

    If 条件表达式 Then

　　　　　　　语句块 1
　　　　Else
　　　　　　　语句块 2
　　　　End If

功能：首先测试条件。如果条件成立（值为真），则执行 Then 后面的语句块 1；如果条件不成立（值为假），则执行 Else 后面的语句块 2。执行完 Then 或 Else 之后的语句块后，会从 End If 之后的语句继续执行。其流程如图 3–16 所示。

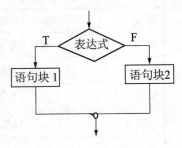

图 3–16　双分支结构

知识巩固

例　计算分段函数

$$y=\begin{cases} \sin x+\sqrt{x^2+1} & x \neq 0 \\ \cos x - x^3 + 3x & x = 0 \end{cases}$$

程序代码如下：
```
If  x<>0 Then
   y=sin(x)+sqr (x*x+1)
Else
y=cos(x)－x^3+3*x
End If
```

3.2.3　项目　多分支结构

项目说明

根据输入的成绩，判断成绩的等级。

项目分析

输入学生成绩（百分制），判断该成绩的等级（"优"、"良"、"中"、"及格"、"不及格"）。
功能要求：用户从"成绩"文本框（Text1）中输入学生成绩，单击"执行"按钮（Command1）后，经判断得到等级并显示在标签（Label2）上。

编程实现

一、设计用户界面，设置对象属性

程序运行时界面如图 3–17 所示。

第 3 章　Visual Basic 基本语句

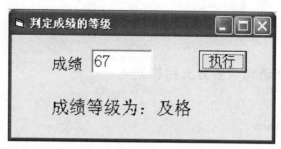

图 3–17　程序运行界面

对象属性设置见表 3–6。

表 3–6　对象属性设置

对象	Name（名称）	Caption	作用
窗体	Form1（默认值）	判定成绩的等级	提示信息
标签 1	Label1（默认值）	成绩	
标签 2	Label2（默认值）	成绩等级为：	
命令按钮 1	Command1（默认值）	执行	
文本框 1	Text1（默认值）		输入成绩

二、代码编写

程序代码如下：

```
Private Sub command1_click()
    Dim score As Integer, temp As String
    score = Val(Text1.Text)
    temp = "成绩等级为："
    If score < 0 Then
        Label2.Caption = "成绩出错"
    ElseIf score < 60 Then
        Label2.Caption = temp + "不及格"
    ElseIf score <= 79 Then
        Label2.Caption = temp + "及格"
    ElseIf score <= 100 Then
        Label2.Caption = temp + "优良"
    Else
        Label2.Caption = "成绩出错"
    End If
End Sub
```

学习支持

If...Then...ElseIf 语句（多分支结构）

格式：
```
If <表达式 1> Then
    <语句块 1>
ElseIf <表达式 2>Then
    <语句块 2>
    …
[Else
    语句块 n+1   ]
End If
```

功能：先测试表达式 1。如果为假，就测试表达式 2。依此类推，直到找到为真的条件。一旦找到一个为真的条件时，执行相应的语句块，然后执行 End If 语句后面的代码。如果所有条件都是假，那么执行 Else 后面的语句块，然后执行 End If 语句后面的代码。其流程如图 3-18 所示。

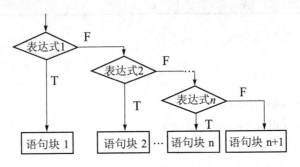

图 3-18　多分支结构

知识巩固

例　编写判断字符类型程序

已知变量 strC 中存放了一个字符，判断该字符是字母字符、数字字符还是其他字符。
程序代码如下：
```
If   Ucase(strC) >="A"   And Ucase (strC) <="Z" Then
    Print    strC + "是字母字符"
ElseIf strC >="0"    And strC <="9"    Then
    Print    strC + "是数字字符"
Else
```

```
    Print    strC + "其他字符"
End If
```
不管有几个分支，依此判断。当某条件满足时，执行相应的语句，其余分支不再执行；若条件都不满足，且有 Else 子句，则执行该语句块，否则什么也不执行。

3.2.4 项目　If 语句的嵌套

项目说明

输入 3 个数，将它们从大到小排序。程序运行界面如图 3-19 所示。

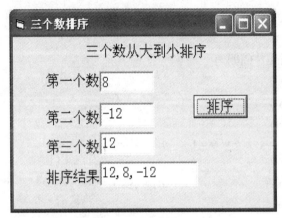

图 3-19　3 个数排序运行界面

项目分析

功能要求：用户从上面 3 个文本框（Text1、Text2、Text3）中输入数据，单击"排序"按钮（Command1），则在第 4 个文本框（Text4）中显示结果。此程序中用到 If 语句的嵌套，需要进行两个数的比较。

编程实现

一、设计用户界面，设置对象属性

窗体上有 10 个控件，5 个标签框，4 个文本框和 1 个命令按钮。属性设置见表 3-7。

表 3-7　控件设置

控件名称（Name）	标题（Caption）	文本（Text）
Label1（默认）	3 个数从大到小排序	未定义
Label2（默认）	第 1 个数	未定义
Label3（默认）	第 2 个数	未定义
Label4（默认）	第 3 个数	未定义

控件名称（Name）	标题（Caption）	文本（Text）
Label5（默认）	排序结果	未定义
Text1（默认）	未定义	空白
Text2（默认）	未定义	空白
Text3（默认）	未定义	空白
Text4（默认）	未定义	空白
Command1（默认）	排序	未定义

二、代码编写

程序代码如下：
```
Private Sub Command1_Click()
   x = Val(Text1.Text)
   y = Val(Text2.Text)
   z = Val(Text3.Text)
   If   x <y Then    t = x: x = y: y = t       '实现 x>=y
   If   y < z Then
      t = y: y = z: z = t              '实现 y>=z
      If   x < y Then
         t = x: x = y: y = t              '实现 x>=y,此时的 x, y 已不是原来的 x, y 的值
      End If
EndIf
 Text4.Text = x  &  ","  & y  &  ","  & z
End Sub
```

⌨ 学习支持

Then 和 Else 后面的语句块中包含另一个条件语句，就是 If 语句的嵌套。
　　格式：
　　　　If　　条件1　　Then
　　　　　　If　条件2　Then
　　　　　　　　　…
　　　　　　End If
　　　　Else
　　　　　　　　…
　　　　End If
　　使用条件语句嵌套时，一定要注意 If 与 Else，If 与 End If 的配对关系。对于嵌套结构，要注意以下几点。
　　（1）对于嵌套结构，为了增强程序的可读性，书写时采用缩进方式。

（2）If 语句形式若不在一行上书写，必须与 End If 配对。多个 If 嵌套时，End If 与它最接近的 If 配对。

知识巩固

例 根据不同的时间段发出问候语

分析：0 时至 12 时，显示"早上好"，12 时至 18 时，显示"下午好"，其余时间段显示"晚上好"。利用窗体装载（Load）事件，采用 Print 直接在窗体上输出结果。

程序代码如下：
```
Private Sub Form_Load()
    Dim h As Integer
   Show                                    '使 print 输出在窗体上的内容可见
    h = Hour(Time)                         '取系统的时间
   FontSize = 30 :   ForeColor = RGB(255, 0, 0)
    BackColor = RGB(255, 255, 0)
   If    h < 12    Then
        Print   "早上好！"
   Else
      If   h < 18   Then
          Print   "下午好！"
      Else
          Print   "晚上好！"
      End If
   End If
End Sub
```

3.2.5 项目 情况语句

项目说明

用情况语句实现判定成绩等级的例题。

项目分析

对于上面的例题，可以用情况语句实现。这样，语句更直观，程序可读性更强。

编程实现

一、设计用户界面，设置对象属性

对象属性设置见表 3-6。

二、代码编写

程序代码如下：

```
Private Sub command1_click()
    Dim score As Integer, temp As String
        score = Val(Text1.Text)
        temp = "成绩等级为："
        Select Case score
            Case 0 To 59
                Label2.Caption = temp + "不及格"
            Case 60 To 69
                Label2.Caption = temp + "及格"
            Case 70 To 79
                Label2.Caption = temp + "中"
            Case 80 To 89
                Label2.Caption = temp + "良"
            Case 90 To 100
                Label2.Caption = temp + "优"
            Case Else
                Label2.Caption = "成绩出错"
        End Select
End Sub
```

学习支持

Select Case 语句（情况语句）

格式：
```
Select    Case 变量或表达式
          Case 表达式列表 1
                语句块 1
          Case 表达式列表 2
                语句块 2
                …
          [Case Else
                语句块 n+1]
    End Select
```

<表达式列表>：与<变量或表达式>同类型的下面 4 种形式之一。

（1）表达式。 如："A"。

(2) 一组枚举表达式（用逗号分隔）。　　　　如：2，4，6，8。
(3) 表达式1　To　表达式2。　　　　　　　　如：60　To　100。
(4) Is　关系运算符表达式。　　　　　　　　　如：Is　＜60。

功能：先计算表达式的值，然后将该值依次与结构中的每个 Case 的值进行比较。如果该值符合某个 Case 指定的值条件时，就执行该 Case 的语句块，然后跳到 End Select，执行 End Select 以后的代码；如果没有相符合的 Case 值，则执行 Case Else 中的语句块。

使用多分支语句 Select Case 也可以实现多分支选择。而且，程序变得更有效、更易读，易于跟踪调试。

知识巩固

例　编写四则运算程序

利用 selece case 语句编写一个简单的四则运算的程序。程序运行界面如图 3-20 所示。

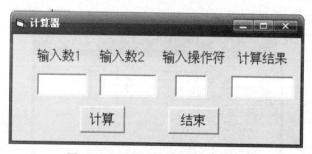

图 3-20　四则运算程序运行主界面

程序代码如下：
```
Private Sub cmdOperat_Click()
 op1 = Val(txtOp1.Text)
 op2 = Val(txtOp2.Text)
 Select Case txtOp3.Text
  Case "+"
   result = op1 + op2
   txtResult.Text = Str$(result)
  Case "-"
   result = op1 - op2
   txtResult.Text = Str$(result)
  Case "*"
   result = op1 * op2
   txtResult.Text = Str$(result)
  Case "/"
   result = op1 / op2
   txtResult.Text = Str$(result)
```

```
        Case Else
            Print "运算符错！"
            txtResult.Text = ""
    End Select
End Sub
```

📝 课堂训练与测评

由计算机来当一年级的算术老师。要求给出一系列的 1~10 的操作数和运算符，学生输入该题的答案，计算机根据学生的答案判断正确与否，当结束时给出成绩。

分析：为了减少输入和增加试题内容的随机性，操作数和运算符通过随机函数 Rnd 产生。操作数的范围是 1~10 的整数，可通过 Int（10 * Rnd + 1）实现；运算符 1~4 分别代表+、-、*、/。本例除窗体外还需 5 个控件：1 个标签框，1 个文本框，2 个命令按钮，1 个图片框。有关控件属性见表 3-8。

程序界面如图 3-21 所示。

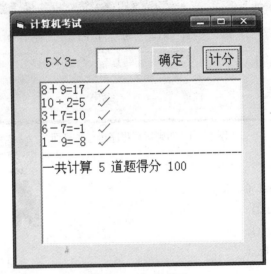

图 3-21 运行界面

表 3-8 控件设置

默认控件名	设置控件名 （Name）	标题 （Caption）	文本 （Text）	图形 （Picture）	说　明
Form1	Form1	计算机考试	无定义	无定义	
Label1	lblExp	空白	无定义	无定义	显示产生的题目
Text1	txtInput	无定义	空白	无定义	写该题答案
Command1	cmdOk	确定	无定义	无定义	每题结束
Command2	cmdMark	计分	无定义	无定义	最后计分
Picture1	Picture1	无定义	无定义	空白	显示题目和结果

程序代码如下：
```
Option Explicit
Dim SExp As String
Dim Result!, NOk%, NError%


Private Sub CmdMark_Click()
    Picture1.Print "---------------------------------"
    Picture1.Print "一共计算 " & (NOk + NError) & " 道题";
    Picture1.Print "得分 " & Int(NOk / (NOk + NError) * 100)
End Sub
Private Sub cmdOk_Click()
' 在文本框输入计算结果，按"确定"按钮，在图形框显示正确与否
    If Val(txtInput.Text) = Result Then
        Picture1.Print SExp; txtInput; Tab(10); "√"      '计算正确
        NOk = NOk + 1
    Else
        Picture1.Print SExp; txtInput; Tab(10); "×"      '计算错误
        NError = NError + 1
    End If
    txtInput = ""
    txtInput.SetFocus
    Form_Load                                '下一个表达式生成
End Sub

Private Sub Form_Load()
' 通过产生随机数生成表达式
    Dim Num1%, Num2%, NOp%, Op$      '两个操作数,操代码、操作符
    Randomize                        '初始化随机数生成器
    Num1 = Int(10 * Rnd + 1)          '产生 1～10 之间的操作数
    Num2 = Int(10 * Rnd + 1)          '产生 1～10 之间的操作数
    NOp = Int(4 * Rnd + 1)            '产生 1～4 之间的操作代码
    Select Case NOp
      Case 1
        Op = "+"
        Result = Num1 + Num2
      Case 2
        Op = "–"
        Result = Num1 – Num2
      Case 3
```

```
            Op = "×"
            Result = Num1 * Num2
        Case 4
            Op = "÷"
            Result = Num1 / Num2
    End Select
    SExp = Num1 & Op & Num2 & "="
    lblExp = SExp
End Sub
```

3.3 循环结构

采用循环程序可以解决一些按一定规则重复执行的问题。如累加、连乘等。统计一个班几十名学生,甚至全校几千名学生的学期成绩,如求平均分、不及格人数等也可以通过循环语句实现。

3.3.1 项目 FOR 循环

✎ 项目说明

在窗体上显示 2~10 之间的各偶数的平方数。当单击窗体时直接在窗体上输出结果(用 Print 方法)。程序运行时界面如图 3-22 所示。

图 3-22 运行界面

✎ 项目分析

求 2~10 之间的各偶数的平方时,因为计算每一个偶数的平方的方法是一致的,所以应用循环程序设计可以完成。循环变量 k 的初值、终值和步长值分别为 2、10 和 2。即从 2 开始,每次加 2,到 10 为止,控制循环 5 次。每次循环都将循环体(Print k*k)执行一次。

✎ 编程实现

代码编写

程序代码如下:
```
Private Sub Form_Click()
    Dim k As Integer
    For k = 2 To 10 Step 2
        Print k * k
    Next k
```

End Sub

📎 **学习支持**

For...Next 循环语句

格式：
For 循环变量＝初值 to 终值 [Step 步长]
　　语句块
　　[Exit For]
　　　语句块
Next 循环变量

功能：本语句指定循环变量取一系列数值，并对循环变量的每一个值执行一次循环体。初值、终值和步长值都是数值表达式。步长值可以是正数（为递增循环），也可以是负数（为递减循环）。

Exit For 功能为直接从 For 循环中退出。

若步长值为 1，则"Step 1"可以省略。

For...Next 语句的执行步骤说明如下。

（1）求出初值、终值和步长值，并保存起来。
（2）将初值赋给循环变量。
（3）判断循环变量值是否超过终值（步长值为正时，指大于终值；步长值为负时，指小于终值）。超过终值时，退出循环，执行 Next 之后的语句。
（4）执行循环体。
（5）遇到 Next 语句时，修改循环变量值，即把循环变量的当前值加上步长值再赋给循环变量。
（6）转到（3）去判断循环条件。

其流程如图 3–23 所示。

注意：在循环体内对循环控制变量可多次引用；但最好不要对其赋值，否则影响原来的循环控制规律。

📎 **知识巩固**

例 编写求 $S=1+2+3+\cdots+8$ 的程序。

分析：这是一个累加问题，所以应设一个存放累加和的变量 s，且初始值为 0。

程序代码如下：
Private Sub Form_Click()
　s = 0
　For k = 1 To 8

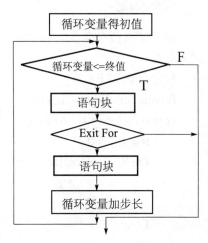

图 3–23 For 循环语句步长>0 情况

```
    s = s + k
Next k
    Print "s="; s
End Sub
```

课堂训练与测评

1. 计算 1~100 的奇数和
2. $8! = 1 \times 2 \times 3 \times \cdots \times 8$

3.3.2 项目 do...Loop 循环语句

项目说明

求 $S = 1^2 + 2^2 + \cdots + 100^2$。

项目分析

这是一个用循环结构求累加和的问题。设置一个存放累加和的变量 s，且 s 的初始值为 0。此外，1~100 之间的数据可以用循环变量来表示。采用 Do While...Loop 语句或 DO Until...Loop 编写，采用 Print 语句直接在窗体上输出结果。

编程实现

代码编写

需要定义两个变量。一个是 s，存放累加和，初始值为 0；一个是 n，用于存放 1~100 之间的数。

程序代码如下：
```
Private Sub Form_Click()
Dim n As Integer, s As Long
    n = 1: s = 0
    Do While n <= 100
        s = s + n * n
        n = n + 1
    Loop
    Print "s="; s
End Sub
或
Private Sub Form_Click()
Dim n As Integer, s As Long
n = 1: s = 0
```

```
Do Until n > 100
    s = s + n * n
    n = n + 1
Loop
Print "s="; s
End Sub
```

📖 学习支持

do...loop 循环语句

格式1：
    Do　[{While|Until} 条件]
        循环体
    Loop

Do While...Loop 语句的功能为当条件成立（为真）时，执行循环体；当条件不成立（为假时），终止循环。其流程如图 3-24 所示。

Do Until...Loop 语句的功能为当条件不成立（为假）时，执行循环体，直到条件成立（为真）时，终止循环。其流程如图 3-25 所示。

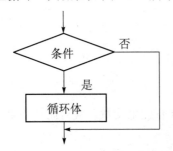
图 3-24　Do while...loop 流程图

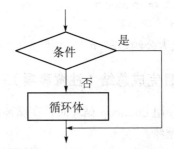
图 3-25　Do until...loop 流程图

格式2：
    Do
        循环体
    Loop [{While|Until} 条件]

功能：先执行循环体，然后判断条件，根据条件决定是否继续执行循环。其流程分别如图 3-26 和图 3-27 所示。

📖 知识巩固

例　用辗转相除法求两自然数 m，n 的最大公约数和最小公倍数

分析：求最大公约数的算法思想为：
（1）对于已知两数 m，n，使得 $m>n$。

（2）m 除以 n 得余数 r。

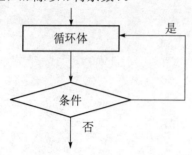

图 3-26 Do...loop while 流程图

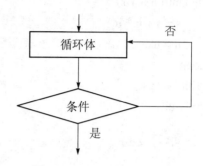

图 3-27 Do...loop until 流程图

（3）若 $r=0$，则 n 为最大公约数结束；否则执行（4）。
（4）$m=n$，$n=r$，再重复执行（2）。
求 $m=14$，$n=6$ 的最大公约数的程序代码如下：
```
If m < n Then t = m:    m = n:    n = t
r=m mod n
Do While (r <> 0)
    m=n
    n=r
    r= m mod n
Loop
Print "最大公约数=", n
```

📝 项目完成总结（注意事项）、小贴士

（1）在使用 do...loop 循环时，在循环体内必须有一个变量，使得循环的条件发生改变。否则就是死循环。

（2）do...loop（while|until）执行循环的次数最少为 1，而 Do（while|until）...Loop 语句的最少执行次数为 0（即一次都不执行循环）。

（3）do...loop 循环中可以使用 Exit Do 语句直接从 Do 循环中退出。

📝 课堂训练与测评

用 $\pi/4 = 1 - 1/3 + 1/5 - 1/7 + \cdots$ 级数，求 π 的近似值。当最后一项的绝对值小于 10^{-5} 时，停止计算，采用 Print 语句直接在窗体上输出结果。程序代码如下：
```
Private Sub Form_Load()
    Show
    Dim pi As Single, n As Long, s As Integer
    pi = 0 : n = 1 : s = 1
    Do While n <= 100000                    '或 1/n>=0.00001
        pi = pi + s / n
        s = -s
```

```
            n = n + 2
        Loop
        Print "π="; pi * 4
        End Sub
```

📖 知识拓展

3 种循环语句比较：用 3 种循环语句编写求和 s=1+2+3+…+8 的程序。程序代码如下：

For…Next 循环	do while …loop 循环	do…loop while 循环
S=0	s=0:k=1	s=0:k=1
For k=1 to 8	Do While k<=8	do
s=s+k	s=s+k	s=s+k
Next	k=k+1	k=k+1
	Loop	loop while k<=8
Print s	print s	Print s

练习：计算 1～100 之间的偶数和（用 3 种方法）。

3.3.3 项目　循环嵌套，打印九九乘法表

📖 项目说明

九九乘法表程序运行界面如图 3-28 所示。

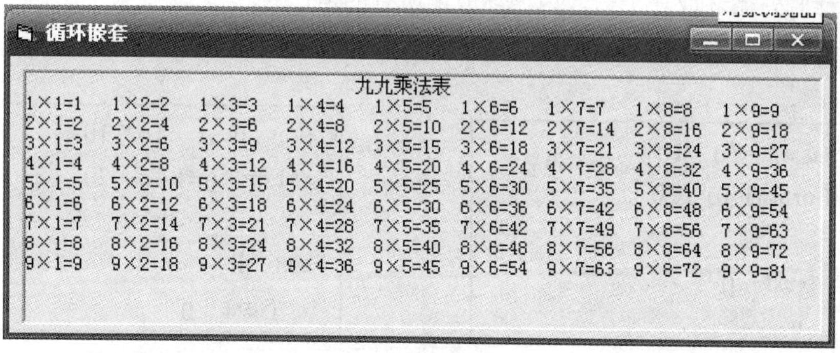

图 3-28　九九乘法表程序运行界面

在窗体上添加 1 个 Picture 控件，在该控件的单击事件中编程。同时设置窗体的"Caption"属性为"循环嵌套"。

📖 项目分析

打印九九乘法表，只要利用循环变量作为乘数和被乘数就可以方便地实现。

📖 编程实现

程序代码如下：

```
Private Sub Picture1_Click()
Dim se As String
Picture1.Print Tab(35); "九九乘法表"
For i = 1 To 9
    For j = 1 To 9
        se = i & "×" & j & "=" & i * j
        Picture1.Print Tab((j – 1) * 9 + 1); se;
    Next j
    Picture1.Print
Next i
End Sub
```

思考：打印上三角或下三角程序如何实现？

📖 学习支持

一个循环体内又包含了一个完整的循环结构称为循环的嵌套。

对于循环的嵌套，要注意以下事项。

（1）内循环变量与外循环变量不能同名。
（2）外循环必须完全包含内循环，不能交叉。
（3）不能从循环体外转向循环体内。反之，则可以。
（4）执行时外循环取一个值，内循环取遍所有的值。

如下代码所示的为正确或错误地使用循环嵌套的方式。

```
For   ii =1  To   10
    For jj=1 To   20
        …
    Next   jj
Next   ii
```

```
For   ii =1  To   10
    For  jj=1 To   20
        …
Next   ii
    Next   jj
```

```
For   ii =1  To   10
    …
  Next   ii
For   ii =1  To   10
    …
Next   ii
```

```
For   ii =1  To   10
    For   ii=1 To   20
        …
    Next   ii
Next   ii
```

      正确   错误

3.4 数组

把一组具有相同属性、类型的数据放在一起，并用一个统一的名字作为标识，就是数组。数组中的每一个数据称为一个数组元素，用数组名和该数据在数组中的序号来标识，序号称为下标。在 Visual Basic 中如果没有特别的说明，数组元素的下标是从 0 开始的，即第一个元素的下标为 0。

3.4.1 项目 数组编程

◇ 项目说明

求一个班 50 个学生某一门课的平均成绩，然后统计高于平均分的人数。

◇ 项目分析

采用简单变量和循环结构相结合的办法求平均成绩的程序代码如下：

```
aver = 0
    For i = 1 To 50
        mark = InputBox（"输入" + i + "位学生的成绩"）
        aver = aver + mark
    Next i
    aver = aver / 50
```

但若要统计高于平均分的人数，则该方法无法实现。mark 是一个简单变量，存放的是最后一个学生的成绩。

如果采用再重复输入成绩的方法会带来以下两个问题。

（1）输入数据的工作量成倍增加。

（2）若本次输入的成绩与上次不同，则统计的结果不正确。

可以采用数组的办法解决此问题的。引入数组，始终保存输入的数据。一次输入，多次使用。

设置一个数组 a，放置学生的成绩。变量 sum 存放成绩总和，变量 avg 存放平均分，变量 i 描述 50 个人，变量 n 存放高于平均分的人数。

◇ 编程实现

代码编写

程序代码如下：

```
Private Sub Command1_Click()
    Dim a(50) As Integer
    Dim i,n,avg, sum As Integer
```

```
  sum = 0 ： n=0
 For i = 1 To 50
    a(i) = InputBox("输入整数:")
    Print a(i);
    sum = sum + a(i)
 Next i
  avg=sum/50
 For i=0 To 50
     If a(i)>avg   then n=n+1
 Next i
  Print
  Print "Average="; avg
  Print "高于平均分的人数为："; n
End Sub
```

📖 学习支持

数组不是一种数据类型，而是一组相同类型的变量的集合。数组必须先声明后使用。有两类数组，分别为静态（定长）数组和动态（可变长）数组。

1．静态数组及声明

形式：Dim　数组名（下标 1 [，下标 2…]）[As　类型]
声明了数组的名、维数、大小、类型。
维数：有几个下标就为几维数组，最多 60 维。
下标：[下界 To] 上界。省略时表示下界为 0。下标必须为常数。
每一维大小：上界－下界+1。
例题中 Dim a(50) As Integer 语句声明了一个具有 51 个数组元素的一维整形数组，下标为 0～50。

　　例如：Dim Sum(10) As Long　　　　　'下标号为 0～10，共 11 个元素。
　　　　　Dim Ary(1 to 20) As Integer　　'下标号为 1～20，共 20 个元素。
　　　　　Dim d(1 to 5,1 to 10) As Double　　定义二维数组

注意：（1）下界默认为 0，也可重新定义数组的下界。
例如语句 Option Base 1 的作用是使数组下标的下界为 1。
（2）下标不能是变量。
例如　n =Inputbox ("输入 n")：Dim x（n）As Single 语句是错误的声明。
（3）在数组声明中的下标说明了数组的整体，即每维的大小。而在程序其他地方出现的下标表示数组中的一个元素。两者写法形式相同，但意义不同。

　　例如：Dim　x（10）As　Integer　　　　　　' 声明了 x 数组有 11 个元素
　　　　　x（10）=100　　　　　　' 对 x（10）这个数组元素赋值
　　例如，a（k）（k=0,1,2,…, 99）为数组元素（或称下标变量），表示第 k 个学生的成绩。k

称为数组元素的下标。数组的一个主要特点是通过下标（相当于索引）来引用数组元素。

2. 数组元素赋初值

（1）用循环。例如：

    For   i   = 1 To 10
    iA(i)=0
    Next i

（2）Array 函数。例如：

    Dim ib As Variant
    ib = Array("abc", "def", "67")
    For i = 0 To UBound(ib)
      Picture1.Print ib(i); " ";
    Next i

注意：利用 Array 对数组各元素赋值，声明的数组是可调数组，圆括号可省略，并且其类型只能是 Variant。数组的下界为零，上界由 Array 函数的参数个数决定，也可通过 Ubound 函数获得。

3. 数组函数

1）Lbound 与 Ubound 函数

功能：均返回一个 long 型数据，分别表示数组的下界和上界。

格式： LBound(数组变量名[，维的序号数])

     UBound(数组变量名[，维的序号数])

2）Array 函数

功能：返回表示数组的一个 Variant 变量。

格式：Array（参数列表）

说明：参数列表是一个用逗号分隔的列表，其值将赋给 Variant 变量中的数组元素。如果没有指定参数，则生成 0 长度数组。

3）IsArray 函数

功能：返回布尔型值，指出变量是否为一个数组。

格式：IsArray（变量名）

知识巩固

例 求数组中最大元素及所在下标

分析：程序中需要定义两个变量。一个是 Max，存放最大值；一个是 iMax，存放最大值所在下标。

程序代码如下：

Dim Max As Integer,iMax As Integer
  Max=iA(1)：iMax=1

```
    For   i = 2  To   10
        If    iA(i)>Max   Then
        Max=iA(i)
        iMax=i
        End If
    Next i
```

例 将数组中各元素交换

交换的要求是将数组第一个元素与最后一个交换,第二个元素与倒数第二个交换,依此类推。结果如图 3-29 所示。该题的本质是寻找下标之间的规律。

图 3-29 数组元素交换

程序代码如下:
```
For   i =1 To   10\2
    t=iA(i)
    iA(i)=iA(10−i+1)
    iA(10−i+1)=t
Next i
```

✎ 课堂训练与测评

输入一串字符,统计相同字母出现的次数。字母大小写不区分。
程序运行效果如图 3-30 所示。

图 3-30 字母统计

分析:

(1) 统计 26 个字母出现的个数,必须声明一个具有 26 个元素的数组。每一个元素的下标表示对应的字母,元素的值表示对应字母出现的次数。

(2) 从输入的字符串中逐一取出字符,转换成大写字符(字母大小写不区分),进行判断。

程序代码如下:

```
Private Sub Command1_Click()
Dim a(1 To 26) As Integer, c As String * 1
le = Len(Text1.Text)        '求字符串的长度
For i = 1 To le
    c = UCase(Mid(Text1.Text, i, 1))    '取一个字符,转换成大写
    If c >= "A" And c <= "Z" Then
        j = Asc(c) – 65 + 1            '将 A~Z 大写字母转换成 1~26 下标
        a(j) = a(j) + 1                '对应数组元素加 1
    End If
Next i
For j = 1 To 26             '输出字母及出现的次数
    If a(j) > 0 Then Picture1.Print ""; Chr$(j + 64); "="; a(j);
Next j
End Sub
```

数组元素排序

数组中有 10 个数。要求按由小到大的顺序对数组中的数据进行排序,并将排序前后的数据显示在窗体上。

分析:这是个排序问题。排序的方法有很多种,此处使用选择法排序。

设有 10 个数,存放在数组 a 中。每个数分别用 a(1)、a(2)、…、a(10) 表示,如图 3-31 所示。每个格子存放一个数据,格子上面注明数组元素名。

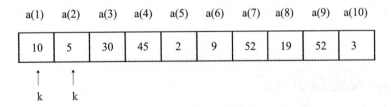

图 3-31 数组元素排序

先用 a(1) 与 a(2) 比较。如果 a(1) > a(2),则记录下比较小的数据元素 a(2) 的下标;否则,不做处理。接着再用当前 a(1)、a(2) 中的最小数与 a(3)~a(10) 进行比较,记录下这些数中最小数的下标。完成 a(1)~a(10) 的比较后,根据记录的最小数的下标,将 a(1) 与最小的数互换位置,把第一轮比较得到的最小数放到 a(1) 中。然后,从第 2~第 10 个数中选择最小的数放到第 2 个数组元素的位置。依此类推,进行所有数据的比较和换位,完成数据的排序。

为了记录数据元素的位置，设置一个变量 k，用来指向某一数组元素。开始时指向 a（1），即 k=1。以后，每次比较之后，哪个数最小，k 就指向哪个数。例如，先将 a（1）与 a（2）比较，10>5，即 a（1）>a（2），此时 k 指向 a（2），表示在已经比较过的 a（1）与 a（2）两个数中 a（2）的数最小。接着，用 a（2）与 a（3）进行比较，比较的结果 5<30，5 是当前比较过的 3 个数中最小的数，其数组元素的下标仍为 2，即 k 仍是 2。如此反复，每次都以 a（k）与未被比较过的数进行比较，直到全部数据都与 a（k）比较过为止。对于图 3-29 的数据，第一轮比较完成后，找到 10 个数中的最小数 a（k），即 a（5）。将 a（1）与 a（k）的值对换，将最小的数换到 a（1）的位置。比较完第一轮后，除 a（1）与 a（k）两个数的位置发生变化外，其余 8 个数的位置没有变化。在第二轮比较中，先令 k=2（即从第二个数开始比较），将 a（k）分别与 a（3）~a（10）比较，找出 9 个数中最小的数，并将其换到 a（2）的位置。

程序代码如下：

```
Option Base 1
Private Sub cmdSort_Click()
    Dim a As Variant
    a = Array(10, 5, 30, 45, 2, 9, 52, 19, 52, 3)
 '排序
For i = 1 To 9
    k = i
    For j = i + 1 To 10
       If a(j) < a(k) Then k = j
    Next j
    If k <> i Then
       tmp = a(k)
       a(k) = a(i)
       a(i) = tmp
    End If
    Next i
End Sub
```

3.4.2 项目 动态数组及声明

📖 项目说明

求若干个学生的平均分（学生人数从键盘输入），统计高于平均分的人数。

📖 项目分析

学生的人数每一次可以不确定。为了便于程序的编写，学生的分数采用随机产生 1~100 之间的整数的办法。

编程实现

程序运行时出现要求输入学生个数的对话框，如图 3-32 所示。

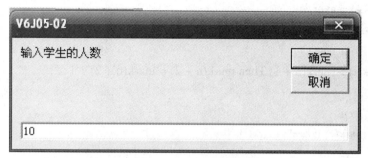

图 3-32　输入学生个数的对话框

程序运行结果界面如图 3-33 所示。

图 3-33　程序运行结果界面

代码编写

程序代码如下：
```
Private Sub Form_Click()                    '单击命令按钮运行该事件函数
    Dim mark() As Integer, i%, n%, aver
    n = InputBox("输入学生的人数")
    ReDim mark(1 To n)                      '声明存放 n 个学生成绩的数组
    aver = 0
    For i = 1 To n
        mark(i) = Int(Rnd * 101)            '通过随机数产生 0～100 的成绩
        aver = aver + mark(i)
```

```
   Next i
   ReDim Preserve mark(1 To n + 2)        '增加两个元素，存放平均分和高于平均分的人
                                           数，原来的学生成绩仍保留
   mark(n + 1) = aver / n
   mark(n + 2) = 0
   For i = 1 To n
      If mark(i) > mark(n + 1) Then mark(n + 2) = mark(n + 2) + 1
   Next i
   For i = 1 To n
      Print "mark("; i; ")="; mark(i)
   Next i
   Print "平均分="; mark(n + 1)， "高于平均分人数="; mark(n + 2)
End Sub
```

学习支持

动态数组声明形式如下：

　　ReDim　数组名（下标［，下标2…]）　［As　类型］

例如：Sub Form_Load( )
　　　　　Dim x( ) As　Single
　　　　　…
　　　　　n =Inputbox("输入 n")
　　　　ReDim x(n)
　　　　　…
　　　End Sub

说明：

（1）Dim、Private、Public 变量声明语句是说明性语句，可出现在过程内或通用声明段。ReDim 语句是执行语句，只能出现在过程内。

（2）在过程中可多次使用 ReDim 来改变数组的大小和维数。

（3）使用 ReDim 语句会使原来数组中的值丢失，可以在 ReDim 语句后加 Preserve 参数来保留数组中的数据。使用 Preserve 只能改变最后一维的大小，前面几维大小不能改变。

（4）ReDim 中的下标可以是常量，也可以是有了确定值的变量。

（5）静态数组在程序编译时分配存储单元，动态数组在运行时分配存储单元。

3.4.3　项目　控件数组

项目说明

如图 3-34 所示设计窗体，其中一组（共 5 个）单选按钮构成控件数组。要求当单击某个单选按钮时，能够改变文本框中文字的大小。

第 3 章 Visual Basic 基本语句

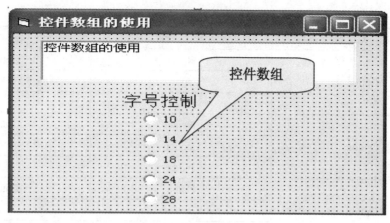

图 3-34 控件数组

✎ 项目分析

5 个单选按钮，执行相似的操作。可以将其构成一组相同类型的控件。它们共用一个控件名，具有相同的属性，建立时系统给每个元素赋一个唯一的索引号（Index）。控件数组共享同样的事件过程，通过返回的下标值区分控件数组中的各个元素。

✎ 编程实现

一、界面设计

该程序的界面包含 1 个文本框、1 个标签框，5 个单选按钮（设计成控件数组）。控件属性设置见表 3-9。

表 3-9 控件属性设置

对 象 名	属 性	设 置
Form	Name	Form1
	Caption	控件数组的使用
Text	Name	Text1
	Text	控件数组的使用
Label	Name	Label1
	Caption	字号控制
Option	Name	Option1
	Caption	10
	Index	0
Option	Name	Option1
	Caption	12
	Index	1

对 象 名	属 性	设 置
Option	Name	Option1
	Caption	14
	Index	2
Option	Name	Option1
	Caption	24
	Index	3
Option	Name	Option1
	Caption	28
	Index	4

二、代码编写

程序代码如下：

```
Private Sub Form_Load()
        Option1(0).Value = True              '选定第一个单选按钮
        Text1.FontSize = 10                  '设定文本框中的字号
End Sub
Private Sub Option1_Click(Index As Integer)
        Select Case Index                    '系统自动返回 Index 值
            Case 0
                Text1.FontSize = 10
            Case 1
                Text1.FontSize = 14
            Case 2
                Text1.FontSize = 18
            Case 3
                Text1.FontSize = 24
            Case 4
                Text1.FontSize = 28
        End Select
End Sub
```

学习支持

控件数组是一组具有相同名称、类型和事件过程的控件。
例如，Label1(0)，Label1(1)，Label1(2)，…
但 Label1，Label2，Label3，…不是控件数组。

控件数组具有以下特点。
（1）相同的控件名称（即 Name 属性）。
（2）控件数组中的控件具有相同的属性。
（3）所有控件共用相同的事件过程。
以下标索引值（Index）来标识各个控件，第一个下标索引号为 0。
建立控件数组有 3 种方法。
（1）给控件起相同的名称。
（2）将现有的控件复制并粘贴到窗体等控件上面。
（3）将控件的 Index 属性设置为非 Null 数值。
设计控件数组 Option1，其中包含 5 个单选按钮对象。
具体操作方法如下。
（1）画出第一个单选按钮控件，名称采用默认的 Option1。此时该控件处于选定状态。
（2）单击工具栏上的"复制"按钮（或按 Ctrl+C 键）。
（3）单击工具栏上的"粘贴"按钮（或按 Ctrl+V 键）。此时系统弹出一个如图 3-35 所示的对话框。

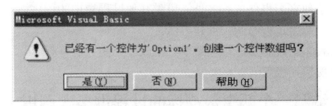

图 3-35 控件数组的创建

单击"是"按钮，就建立一个控件数组元素。新建控件 Index 属性为 1，而已创建的第一个控件的 Index 属性值为 0。
通过鼠标拖放可以调整新控件的位置。
（4）继续单击"粘贴"按钮（或按 Ctrl+V 键）和调整控件位置，可得到控件数组中的其他 3 个控件，其 Index 属性值分别为 2，3 和 4（即从上而下为 0，1，2，3，4）。
（5）设置控件数组各元素（从上而下）的 Caption 属性分别为 10，14，18，24 和 28。

知识巩固

例 建立含有 4 个命令按钮的控件数组

程序启动后，当单击某个命令按钮，分别显示不同的图形或结束操作。程序运行界面如图 3-36 所示。
程序代码如下：
Private Sub Command1_Click(Index As Integer)
　　Select Case Index
　　　　Case 0
　　　　　　……"画直线"

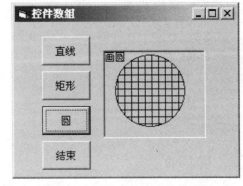

图 3-36 控件数组程序运行界面

```
            Case 1
                …… "画矩形"
            Case 2
                …… "画圆"
        Case Else
                End
    End Select
End Sub
```

3.5 子程序

Visual Basic 应用程序是由过程组成的。过程是完成某种特殊功能的一组独立的程序代码。Visual Basic 程序共有两大类过程。以 Sub 保留字开始的为自定义子过程，以 Function 保留字开始的为函数过程。

事件过程是当某个事件发生时，对该事件作出响应的程序段，它是 Visual Basic 应用程序的主体。通用过程是独立于事件过程之外，可供其他过程调用的程序段。

自定义子过程、函数过程有两种创建方法。

（1）执行"工具"→"添加过程"命令，生成一个函数的框架。

（2）利用代码窗口直接定义。

3.5.1 项目　编写一个两个数交换的过程供多次调用

◇ **项目说明**

子过程是完成某种特定功能的一组代码。子过程编写好以后，可以被反复调用。

◇ **项目分析**

两个数的交换，借助于一个变量就可以实现。这个程序在前面已经介绍过。

◇ **编程实现**

Swap (x,y)子过程的定义代码如下：

```
Public Sub Swap(x, y)
    Dim t
    t = x
    x = y
    y = t
End Sub
```

主程序调用 Swap 子过程的代码如下：

```
Private Sub Form_Click()
    Dim a, b
    a = 10
    b = 20
    Call Swap (a, b)
  Print "a=";a,"  b="; b
End Sub
```

 学习支持

1. 子过程定义

[Private | Public | Static] Sub 子过程名[(参数列表)]
    局部变量或常数定义
    语句
    [Exit Sub]
    语句
End Sub

说明：
（1）可以创建局部（Private）过程、全局（Public）过程和静态（Static）过程。
（2）参数列表定义格式：

[ByVal |ByRef] 变量名 [( )][As 数据类型] …

ByVal 表示该参数按值传递，ByRef 表示该参数按地址传递，系统默认的是按地址传递方式。
（3）通过参数表传送参数。
Sub 过程可以获取调用过程传送的参数，也能通过参数表的参数，把计算结果传回给调用过程。
（4）Exit Sub：退出子过程。

2. 子过程的调用

    子过程名［参数列表］
  或   Call 子过程名（参数列表）

说明：
（1）直接使用过程名。此方法省略 Call 关键字，不能使用括号，参数和子过程名之间用一个空格隔开。
（2）使用 Call 语句。此方法使用 Call 关键字。此时，若有实参，则实参必须加圆括号括起来；若没有实参，子过程名后的括号也省略。

3. 子过程调用示例

子过程的调用过程如图 3-37 所示。

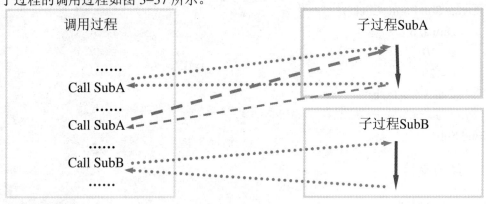

图 3-37　子过程调用

定义过程和调用过程的示例如下。

调用过程：Call Mysub（100, "计算机", 1.5）。

定义过程：Sub Mysub（t As Integer, s As String, y As Single）。

"形实结合"是按照位置结合的。第一个实参值（100）传送给第一个形参 t，第二个实参值（"计算机"）传送给第二个形参 s，第三个实参值（1.5）传送给第三个形参 y。

数组可以作为形参出现在过程的形参表中。

4. 参数传递

传址：形参得到的是实参的地址，形参值的改变同时也改变实参的值。

传值：形参得到的是实参的值，形参值的改变不会影响实参的值。

📖 知识巩固

例　参数传递方式示例

设置两个通用过程 Test1 和 Test2，分别按值传递和按地址传递。程序代码如下：

```
Private Sub Form_Load()
    Dim x As Integer
    Show
    x = 5
    Print "执行 test1 前，x="; x
    Call test1(x)
    Print "执行 test1 后，test2 前，x="; x
    Call test2(x)
    Print "执行 test2 后，x="; x
End Sub
```

```
Sub test1(ByVal t As Integer)
        t = t + 5
End Sub
Sub test2(s As Integer)
        s = s - 5
End Sub
```

程序运行结果如下所示。

执行 test1 前，x=5

执行 test1 后，test2 前，x=5

执行 test2 后，x=0

例　Sub 过程调用示例

创建两个子过程，分别被窗体加载事件调用，完成相应输出。程序运行结果如图 3-38 所示。

程序代码如下：

```
Private Sub Form_Load()
        Show
        Call mysub1(30)
        Call mysub2
        Call mysub2
        Call mysub2
        Call mysub1(30)
  End Sub


Private Sub mysub1(n)
        Print String(n, "*")
End Sub
Private Sub mysub2()
        Print "*"; Tab(30); "*"
End Sub
```

图 3-38　Sub 过程调用示例程序运行结果

说明：

在 Sub 过程 mysub1（n）中，n 为参数（也称形参）。当调用过程（即 Form_Load()）通过 Call mysub1（30）（30 称为实参）调用时，就把 30 传给 n。这样，调用后就输出 30 个"*"号。

过程 mysub2()不带参数，其功能是输出左右两边的"*"号。

例　两个变量的交换，观察传值和传址的区别

程序代码如下：
```
Sub Swap1(ByVal   x%, ByVal   y%)
        t% = x: x = y: y = t
End Sub


Sub Swap2(x%, y%)
        t% = x: x = y: y = t
End Sub


Private Sub Command1_Click()
        a% = 10: b% = 20: Swap1 a, b          '传值
        Print "A1="; a, "B1="; b
        a = 10: b = 20:   Swap2 a, b          '传址
        Print "A2="; a, "B2="; b
End Sub
```

📖 课堂训练与测评

计算 5! + 10!。

因为计算 5!和 10!都要用到阶乘 n! (n!＝1×2×3×…×n)，所以把计算 n!编成 Sub 过程。

程序代码如下：
```
Private Sub Jc(n As Integer, t   As Long)
        Dim i As Integer
        t = 1
        For i = 1 To n
                t = t * i
        Next i
End Sub
```

窗体单击事件中调用该 Sub 过程。注意参数 n 及 t 的调用情况。

程序代码如下：
```
Private Sub Form_Click()
    Dim y As Long, s As Long
```

```
        Call    Jc(5, y)
        s = y
        Call    Jc(10, y)
        s = s + y
        Print "5! + 10! ="; s
End Sub
```
拓展：修改程序可以实现求任意两个数的阶乘之和。

3.6 函数

函数与子过程相似，也是一段用来完成特定功能的独立程序代码，由一组符合 Visual Basic 语法的语句组成。函数与子程序不同的是，函数可以给调用程序返回一个值。

3.6.1 项目 输入 3 个数，求出最大数

◎ 项目说明

把求两个数中的较大数程序编成函数过程，过程名为 max。本例采用 InputBox 函数输入 3 个数，判断出最大数后采用 Print 方法，单击窗体将结果输出在窗体上。

◎ 项目分析

编写一个求两个数最大值的函数，用分支语句就可以完成。若求 3 个数中的最大值，就是两次调用该函数。该程序可以扩展到求任意个数的最大值。

◎ 编程实现

程序代码如下：
```
Function max(m, n) As Single
        If    m > n    Then
                max = m
        Else
                max = n
        End If
End Function
Private Sub Form_Click()
        Dim a As Single, b As Single, c As Single
        Dim s As Single
      a = Val(InputBox("输入第一个数"))
      b = Val(InputBox("输入第二个数"))
      c = Val(InputBox("输入第三个数"))
```

    s = max(a, b)
    Print "最大数是:"; max(s, c)
End Sub

📖 学习支持

1. 函数定义

[Private | Public | Static] Function 函数名([参数表]) [As 数据类型]
        语句块
    ［函数名＝表达式］
    ［Exit Function］
End Function

说明：

（1）函数名：命名规则同变量名。

（2）参数列表形式：[ByVal]变量名[()][As 类型]。称为形参或哑元，仅表示参数的个数、类型，无值。

（3）函数名=表达式：在函数体内至少对函数名赋值一次。

（4）[Exit Function]：表示退出函数过程。

2. 函数的调用

函数过程调用与标准函数调用方式相同，形式为函数过程名([参数列表])。

参数列表：称为实参或实元，必须与形参个数相同，位置与类型一一对应。可以是同类型的常量、变量、表达式。

3. 子过程与函数过程区别

（1）函数过程名有值，有类型，在函数体内至少赋值一次；子过程名无值，无类型，在子过程体内不能对子过程名赋值。

（2）调用时，子过程调用是一句独立的语句。函数过程不能作为单独的语句加以调用，必须参与表达式运算。

（3）一般当过程有一个函数值，使用函数过程较直观；反之，若过程无返回值，或有多个返回值，使用子过程较直观。

📖 知识巩固

例 判断输入字符是否为英文字母

分析：英文字母有大小写之分，只要将该字符转换为大写，再判断是不是处于 A~Z 范围内，就可以判断是否为英文字母。若在范围内，则是英文字母；否则，不是。

本例采用 InputBox 函数来输入字符，判断后结果直接输出在窗体上。

程序代码如下：

Private Sub Form_Click()

```
        Dim s As String
        s = InputBox("请输入一个字符")
        If Checha(s) Then
                Print "***输入的字符是英文字母***"
        Else
                Print "***输入的字符不是英文字母***"
        End If
End Sub
Function Checha(inp As String) As Boolean
        Dim upalp As String
        upalp = UCase(inp)
        If   "A" <= upalp   And   upalp <= "Z" Then
            Checha = True
        Else
            Checha = False
        End If
End Function
```

📖 课堂训练与测评

读下面的程序，理解函数的调用及参数的传递。
程序代码如下：

```
Private Sub Command1_Click()
    s="VB 程序设计教程 5.0 版"
    Print MyReplace(s, "5.0", "6.0")
End Sub

Function MyReplace$(s$, OldS$, NewS$)
    Dim i%, lenOldS%
    lenOldS = Len(OldS)
    i = InStr(s, OldS)
    Do While i > 0
        s= Left(s, i – 1) + NewS + Mid(s, i + lenOldS)
        i = InStr(s, OldS)
    Loop
    MyReplace = s
End Function
```

第 4 章 Visual Basic 常用控件介绍

4.1 项目 计算成绩

📝 项目说明

利用窗体、命令按钮、标签、文本框编写一个程序完成学习成绩的输入及计算。要求程序运行时界面如图 4-1、图 4-2 和图 4-3 所示。

图 4-1 主界面

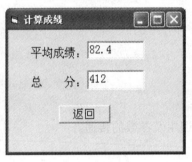

图 4-2 输入成绩界面

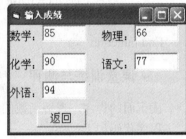

图 4-3 计算机成绩界面

📝 项目分析

本程序包括 3 个窗体，每个窗体中放置的控件各不相同。在主界面中按下"输入成绩"按钮后，显示"输入成绩"窗口。用户在该窗口输入各科学生成绩。输入完毕，按下"返回"按钮，返回到主界面。然后用户按下"计算成绩"按钮，"计算成绩"窗口显示出来。用户可以看到成绩的平均分及总分。

📝 编程实现

一、设计用户界面，设置对象属性

1. 创建工程，建立 3 个窗体

在一个 Visual Basic 程序中，可能只有一个窗体，也可能包含着多个窗体。Visual Basic 程序启动后，系统会自动创建一个窗体，窗体名称默认为 Form1。如果还要添加更多窗体，方法如下。

（1）执行"工程"→"添加窗体"命令，弹出"添加窗体"对话框，如图 4-4 所示。

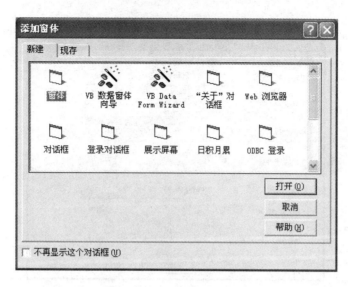

图 4-4 "添加窗体"对话框

（2）"添加窗体"对话框上有"新建"、"现存"两个选项。如果要向程序中添加一个已经存在的窗体，则打开"现存"选项卡。如果要新建一个窗体，则打开"新建"选项卡，选择"窗体"图标，单击"打开"按钮。

（3）新建的窗体默认名称为 Form2、Form3 等。用户可以根据需要为窗体更改名字。本程序中窗体属性设置见表 4-1。

表 4-1 窗体属性设置

对象	Name（名称）	Caption
Form1	FrmMain	多重窗体应用示例
Form2	FrmInput	输入成绩
Form3	FrmOutput	计算成绩

（4）保存窗体。一个工程中的多个窗体不能重名。按下"保存"按钮后，计算机会提示用户保存所有的窗体文件。每一个窗体都要保存成一个窗体文件。

（5）设置启动窗体。如果一个 Visual Basic 程序中包括多个窗体，系统默认把第一个建立的窗体设为启动窗体，即程序运行时显示的第一个窗体。如果要更改启动窗体，应执行"工程"→"属性"命令，弹出"工程 1-工程属性"对话框，如图 4-5 所示。在"选择启动"下拉列表中选择启动窗体，按"确定"按钮。本程序中将"FrmMain"窗体设为启动窗体。

2. 将控件添加到窗体上，并设置属性值

本程序中使用了 3 种常用控件：标签、文本框和命令按钮。在 FrmMain 窗体中有 1 个标签、3 个命令按钮。在 FrmInput 窗体中有 5 个标签、5 个文本框和 1 个命令按钮。在 FrmOutput 窗体中有 2 个标签、2 个文本框和 1 个按钮。控件添加方法在第一章中已经介绍过，这里不再重复。

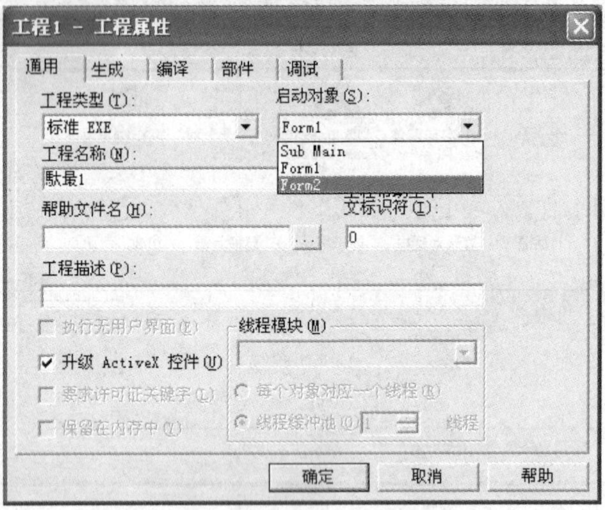

图 4–5 "工程属性"对话框

FrmMain 窗体中的控件属性设置见表 4–2。

表 4–2 FrmMain 窗体内控件属性

对象	Name（名称）	Caption	作用
标签	Label1（默认值）	多重窗体示例程序	提示信息
命令按钮 1	cmdInput	输入成绩	显示 FrmInput 窗体
命令按钮 2	cmdOutput	计算成绩	显示 FrmOutput 窗体
命令按钮 3	cmdEnd	结束	结束程序

FrmInput 窗体中的控件属性值设置见表 4–3。

表 4–3 FrmInput 窗体控件属性

对象	Name（名称）	Caption	text	作用
标签 1	Label1（默认值）	数学：		提示信息
标签 2	Label2（默认值）	化学：		提示信息
标签 3	Label3（默认值）	外语：		提示信息
标签 4	Label4（默认值）	物理：		提示信息
标签 5	Label5（默认值）	语文：		提示信息
文本框 1	TxtMath		空值	用来输入数学成绩
文本框 2	TxtChemistry		空值	用来输入化学成绩
文本框 3	TxtEnglish		空值	用来输入英语成绩
文本框 4	TxtPhysics		空值	用来输入物理成绩
文本框 5	TxtChinese		空值	用来输入语文成绩
命令按钮 1	CmdReturn	返回		隐藏本窗体，返回到 FrmMain 窗体

FrmOutput 窗体中的控件属性设置见表 4-4。

表 4-4 FrmOutput 窗体控件属性

对象	Name（名称）	caption	text	作用
标签 1	Label1（默认值）	平均成绩：		提示信息
标签 2	Label2（默认值）	总分：		提示信息
文本框 1	TxtAverage		空值	用来输出平均成绩
文本框 2	TxtTotal		空值	用来输出总成绩
命令按钮 1	CmdReturn	返回		隐藏本窗体，返回到 FrmMain 窗体

二、代码编写

1. 添加一个模块

本程序中涉及多个窗体，有多个变量的值要在窗体之间进行传递。为了便于代码的编写，在模块中声明 5 个公有变量用来记录各科成绩。添加模块的方法如下。

（1）执行"工程"→"添加模块"命令，弹出"添加模块"对话框如图 4-6 所示。

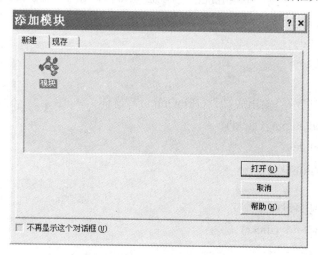

图 4-6 "添加模块"对话框

（2）选择"模块"图标，单击"打开"按钮后，出现模块窗口。在模块窗口中声明变量，也可以编写部分代码。本例中只声明了 5 个公有变量。在模块窗口的"通用/声明"段中声明以下变量，代码如下：

```
Public MATH As Single       '数学成绩
Public PHYSICS As Single    '物理成绩
Public CHEMISTRY As Single  '化学成绩
Public CHINESE As Single    '语文成绩
Public ENGLISH As Single    '英语成绩
```

2. 在窗体内添加事件驱动代码

（1）在 FrmMain 窗体添加代码。

在本窗体中，要为 3 个命令按钮的单击事件编写代码。单击事件是指程序运行时，如果单击这个命令按钮，程序就会执行相应的代码。以 cmdInput 命令按钮为例，方法是：在 FrmMain 界面窗口中，双击这个命令按钮，系统会切换到代码窗口，在代码窗口左上端的下拉列表框中会自动显示 cmdInput。在代码窗口右上端的下拉列表框中选择 Click 事件，这时在代码窗口中会自动显示如下代码。

```
Private Sub cmdInput_Click()

End Sub
```

只需要将编写的代码添加到这两行代码之间即可。

如果要对其他的控件编写代码，可以在代码窗口左上端的下拉列表框中进行选择。这个列表框中包含了窗体中的所有控件名称。每一个控件都有多个事件，这个控件可触发的所有事件都可以在代码窗口右上端的下拉列表框中找到。FrmMain 窗体内各控件相关事件代码如下：

```
'单击"输入成绩"按钮（cmdInput）后隐藏本窗体，显示"输入成绩"（FrmInput）窗体
Private Sub cmdInput_Click()
    frmMain.Hide
    frmInput.Show
End Sub
'隐藏本窗体，显示"输出成绩"（FrmOutput）窗体
Private Sub cmdOutput_Click()
    frmMain.Hide
    frmOutput.Show
End Sub
'程序结束，退出程序
Private Sub cmdEnd_Click()
    End
End Sub
```

（2）"输入成绩"窗体（FrmInput）代码如下：

```
'将用户输入的值保存在 5 个变量中后，隐藏本窗体，显示 FrmMain 窗体
Private Sub cmdReturn_Click()
    MATH = Val(txtMath.Text)
    PHYSICS = Val(txtPhysics.Text)
    CHEMISTRY = Val(txtChemistry.Text)
    CHINESE = Val(txtChinese.Text)
    ENGLISH = Val(txtEnglish.Text)
    frmInput.Hide
```

```
        frmMain.Show
End Sub
```
(3)"计算成绩"窗体(FrmOutput)代码如下:
```
'计算出总成绩及平均成绩,显示在本窗体的两个文本框中,这是通过对两个文本框的Text
'属性赋值实现的。激活窗体时执行此代码
Private Sub Form_Activate()
    Dim total As Single
    Total=Val(frmInput.txtMath.Text) + Val(frmInput.txtPhysics.Text) +
    Val(frmInput.txtChemistry.Text) + Val(frmInput.txtChinese.Text) +
    Val(frmInput.txtEnglish.Text)
    txtAverage.Text = total / 5
    txtTotal.Text = total
End Sub
'隐藏本窗体,返回主窗体
Private Sub cmdReturn_Click()
    frmOutput.Hide
    frmMain.Show
End Sub
```

三、程序的保存

执行"文件"→"保存工程"命令或"文件"→"工程另存为"命令,或者单击工具栏上的"保存工程"按钮,如果是从未保存过的新建工程,系统则打开"文件另存为"对话框。

(1)首先保存的是模块文件(*.bas)。确定好保存位置(如"D:\第三章项目 1"),输入文件名(如"Module1"),单击"保存"按钮。

(2)保存完模块文件后,系统会自动弹出"窗体另存为"对话框,开始保存窗体文件(*.frm)。确定好保存位置(如"D:\第三章项目 1"),输入文件名(如 FrmMain),单击"保存"按钮。

(3)保存完窗体文件后,系统会自动弹出"工程另存为"对话框,此时可保存工程文件(*.vbp)。仿照保存窗体文件的操作,可将该应用程序的工程文件保存到指定的位置。

如果程序中没有模块文件,则无须执行第一步。按照系统提示先保存窗体文件,再保存工程文件即可。

学习支持

窗体

窗体是用户界面的基础,各种控件对象必须建立在窗体上。本章介绍的基本控件在工具箱中图标如图 4–7 所示。

在 Visual Basic 6.0 中,每当创建一个新的工程时,都会得到一个默认名为 Form1 的窗体。

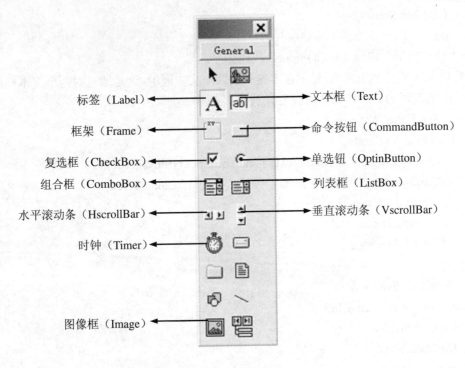

图 4-7 工具箱

1. 属性

1) Name 名称属性

用来指定窗体的名称。在程序代码中用这个名称引用该窗体。第一个窗体的名称默认为 Form1；添加第二个窗体，其名称默认为 Form2，依此类推。通常要给 Name 属性设置一个有实际意义的名称，以便识别。控件名作为对象的标识被引用，不会显示在窗体上。窗体名称和文件名不同。

2) Caption 标题属性

该属性决定了窗体标题栏上显示的内容。

3) AutoRedraw 属性

该属性控制窗体图像的重画。只有 AutoRedraw 属性值为 True 时，在显示此窗体时，Visual Basic 才能重画此窗体内的所有图形，即重画 Print、Cls、Circle 等方法的输出。

4) BorderStyle 属性

返回或设置窗体的边框样式。边框样式取值为 0~5。含义见表 4-5。

表 4-5 BorderStyle 属性表

常 数	设置值	含 义
vbBSNone	0	无边框
vbFixedSingle	1	固定单边框。可以包含控制菜单框，标题栏，"最大化"按钮，和"最小化"按钮。只有使用"最大化"和"最小化"按钮才能改变大小

续表

常 数	设置值	含 义
vbSizable	2	（默认值）可调整的边框
vbFixedDouble	3	固定对话框。可以包含控制菜单框和标题栏，不能包含"最大化"和"最小化"按钮，不能改变尺寸
vbFixedToolWindow	4	固定工具窗口。不能改变尺寸。显示"关闭"按钮并用缩小的字体显示标题栏。窗体在 Windows 95 的任务条中不显示
vbSizableToolWindow	5	可变尺寸工具窗口。可变大小。显示"关闭"按钮并用缩小的字体显示标题栏。窗体在 Windows 95 的任务条中不显示

5）Enabled 属性

用来设置窗体是否响应鼠标或键盘事件。属性值为 True（默认值）时，窗体能够对用户产生的事件作出反应；属性值设为 False 时，窗体不响应鼠标或键盘事件。

6）Font 属性

设置窗体上字体的样式、大小、字形等。设置该属性时，用鼠标单击其右边的按钮将弹出"字体"对话框，从中可设置字体。"字体"对话框中涉及的属性有：字体名称、字体大小、是否是粗体、是否斜体、是否加一删除线、是否带下画线。

7）Left、Top 属性

Left：窗体左边框距离屏幕左边界的距离。

Top：窗体上边框距离屏幕上边界的距离。

8）MaxButton、Minbutton 属性

用来设置窗体的右上角的"最大化"按钮和"最小化"按钮。

（1）MaxButton 属性为 True，"最大化"按钮可用；为 False，"最大化"按钮不可用（呈灰色）。

（2）MinButton 属性为 True，"最小化"按钮可用；为 False，"最小化"按钮不可用（呈灰色）。

（3）MaxButton、MinButton 属性同时设置为 False，不显示"最大化"按钮和"最小化"按钮。

9）Picture 属性

设置在窗体中显示的图片。单击 Picture 属性右边的按钮，弹出"加载图片"对话框，从中可以选择 BMP 位图、GIF 图像、JPEG 图像和 ICONS 等图像格式文件作为窗体的背景图片。若在程序中设置该属性的值，需要使用 LoadPicture 方法。

10）StartupPosition 属性

指定窗体首次出现时的位置。该属性有 4 个设置值。

（1）0——手动：没有指定初始设置值。窗体出现的位置由属性 Left 和 Top 决定。

（2）1——所有者中心：UserForm 所属的项目中央。

（3）2——屏幕中心：窗体出现在显示器屏幕的中央。

（4）3——窗口默认：按照默认设置，窗体出现在屏幕的左上角。

11）Visible 属性

设置窗体是否可见。属性值为 True 或 False。

（1）True：使窗体可见。此值为默认值。

（2）False：在运行时，窗体及其上面的对象都将被隐藏。

12）WindowState 属性

设置窗体运行时的大小状态。该属性有 3 个可选值。

（1）0——Normal：窗体大小由 Height 和 Width 属性决定，此值为默认值。

（2）1——Minimized：窗体最小化成图标。

（3）2——Maximized：窗体最大化，充满整个屏幕。

2. 事件

在代码窗口中，从对象下拉框中选中"Form"，单击右侧过程列表框，会看到窗体的很多事件。此处只介绍最常用的 5 种事件：Activate（激活）、Click（单击）、DblClick（双击）、Load（装入）、窗体大小改变（Resize）。

（1）Activate：当窗口成为活动窗口时触发该事件。

（2）Click：程序运行后，鼠标单击窗体时触发该事件。

（3）DblClick：程序运行后，鼠标双击窗体时触发该事件。

（4）Load：系统事件。当装入窗体时激发，通常用于对属性和变量初始化。

（5）Resize：当一个对象第一次显示，或当一个对象的窗口状态改变时 Resize 事件发生。例如，一个窗体最大化、最小化或被还原的时候，就会发生 Resize 事件。

3. 方法

Print 方法

形式：[对象.]Print[{Spc(n)|Tab(n)}][表达式列表][;|,]

作用：在对象上输出信息。

对象：窗体、图形框或打印机（Printer）。如果省略对象，则在窗体上输出。

Spc(n)函数：插入 n 个空格，允许重复使用。

Tab(n)函数：左端开始向右移动 n 列，允许重复使用。超过 n 列时换行。

;（分号）：光标定位上一个显示的字符后（紧凑格式显示）。

,（逗号）：光标定位在下一个打印区的开始位置处（按制表位）。

无;，时：换行。

开始打印的位置是由对象的 CurrentX 和 CurrentY 属性决定，默认为打印对象的左上角。

注意：如果使 Print 方法在 Form_Load 事件过程中起作用，必须设置窗体的 AutoRedraw 为 True。

标签

标签（Label）主要用于显示文本信息，起提示作用，不能作为输入信息的界面。标签控件的内容只能用 Caption 属性来设置或修改，不能直接编辑。

1. 属性

（1）Caption 属性：设置标签要显示的内容，是标签的主要属性。

（2）Borderstyle 属性：设置标签有无边框。默认值为 0，标签无边框。设置为 1 时，标签有立体边框。

(3) AutoSize 属性：设置标签是否可以自动调整大小以显示所有内容，有 True 和 False 两种设置。

① True：标签控件宽度随文本改变而改变，高度上只保持一行字的尺寸，不能换行。

② False：标签保持设计时的大小，如果内容太长，则只能显示一部分。此为默认值。

(4) Alignment 属性：确定标签中内容的对齐方式。该属性有 3 种可选值：0——Left Justify（靠左）、1——Right Justify（靠右）和 2——Center（居中）。

(5) BackStyle 属性：该属性用于设置背景是否透明。默认值为 1，不透明。设置为 0 时，透明，即无背景色。

(6) BackColor 属性与 ForeColor 属性：分别用于设置标签的背景色与前景色。

2. 事件

标签常用的事件有 Click（单击）、DblClick（双击）事件。在实际应用中，标签只起到在窗体上显示文字作用。因此，一般不用来编写事件过程。

知识巩固

例 单击窗体后，显示如图 4-8 所示图形

提示：① 在窗体的单击事件（Click）中编写代码。② 使用 print 方法在窗体中输出结果。③ 使用 For...Next 循环语句。

程序代码如下：

图 4-8 运行结果

```
Private Sub Form_Click()
    '输出两个空行
    Print
    Print
    For i = 1 To 5
        Print Tab(i); String(6 – i, "▼"); Spc(6); String(i, "▲")
    Next i
End Sub
```

知识点：

1）String 函数

格式：String（字符串长度，字符串）

功能：返回指定长度某重复字符的字符串。

说明：字符串为指定字符，其第一个字符将用于建立返回的字符串。如 Print String（3，"abc"）语句的输出结果为"aaa"。

2）Cls 方法

形式： [对象.]Cls

作用： 清除运行时在窗体或图形框中显示的文本或图形。

注意： 不清除在设计时的文本和图形。

3）Move 方法

形式：[对象.]Move 左边距离[，上边距离[，宽度[，高度]]]

作用：移动窗体或控件，并可改变其大小。

对象：可以是窗体以及除时钟、菜单外的所有控件。

4）Show 方法

形式：对象名.Show　　[参数]

作用：用于在屏幕上显示一个已经建好的窗体。

说明：参数有两种可能值，vbModal（默认）或 vbModeless。参数表示从当前窗口或对话框切换到其他窗口或对话框之前用户必须采取的动作。当参数为 vbModal 时，要求用户必须对当前的窗口或对话框做出响应，才能切换到其他窗口。如果要显示的窗体事先未装入，该方法会自动装入该窗体再显示。

5）Hide 方法

形式：[对象.]Hide

作用：用于将窗体暂时隐藏起来。窗体并没有从内存中删除。

例　标签练习

在窗体上，放置 5 个标签。在属性窗口中设置标签的属性值见表 4-6。观察程序运行后，标签中的文字的对齐方式、标签大小的变化及背景色、前景色的设置。

表 4-6　窗体中标签属性设置

对象	Name	Caption	其他属性设置
Label1	lbl1	左对齐	Alignment=0，BorderStyle=1
Label2	lbl2	水平居中	Alignment=2，BorderStyle=1
Label3	lbl3	自动	AutoSize=True，WordWarp=False，BorderStyle=1
Label4	lbl4	背景白	BackColor=&H00FFFFFF&，BorderStyle=0，BackStyle=1
Label5	lbl5	前景红	ForeColor=&H000000FF&, BorderStyle =0

运行界面如图 4-9 所示。

图 4-9　运行界面

课堂训练与测评

比较下面两个程序的结果

提示：① 本程序中应建立两个窗体，窗体名为 Form1 和 Form2。② 在窗体 Form1 的单击事件（Click）中编写"代码1"，观察Form2和提示信息的显示次序。然后将单击事件（Click）中代码改成"代码2"，观察Form2和提示信息的显示次序。

1. 代码1

'Form2首先显示出来；在Form2关闭之前，后面的提示信息"Test"不会显示出来。
'只有关闭了Form2时才会显示提示信息。

```
Private Sub Form_Click()
    Form2.Show vbModal
    MsgBox "Test"
End Sub
```

2. 代码2

'Form2显示出来后，后面的提示信息马上就显示出来了。

```
Private Sub Form_Click()
    Form2.Show vbModeless
    MsgBox "Test"
End Sub
```

本程序中使用了两个标签，它们的Caption属性相同。一个标签的前景色设为红色，另一个设为黑色，它们在窗体上的位置稍微错开一些，呈现出浮雕的效果。程序运行结果如图4-10所示。

图4-10 浮雕效果程序运行界面

4.2 项目 剪贴板

◇ 项目说明

利用命令按钮、文本框建立一个允许剪切、复制和粘贴的简单便签程序。运行界面如图4-11所示。

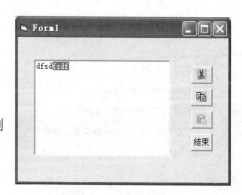

◇ 项目

用户在文本框中可以任意输入文本。可以选中若干字符，进行复制或剪切。然后通过"粘贴"按钮，将选中内容放置到指定位置。

图4-11 剪贴板程序运行界面

编程实现

一、界面设计

建立 1 个文本框用来输入文本。文本框初态为空白，程序运行时，在此处输入正文。建立 4 个命令按钮。其中，"剪切"、"复制"、"粘贴"3 个命令按钮以图形形式显示，而"结束"命令按钮以标准形式显示。命令按钮属性设置见表 4-7。

表 4-7 命令按钮属性

对象	Name 属性	Caption	Picture	Style	ToolTipText
Command1	cmdCut	空白	Cut.bmp	1-Graphical	剪切
Command2	cmdCopy	空白	Copy.bmp	1-Graphical	复制
Command3	cmdPaste	空白	Paste.bmp	1-Graphical	粘贴
Command4	cmdExit	结束	空白	0-Standard	空白

图片路径：一般可以在 …\program files\Microsoft visual studio\vb\common\graphics\bitmaps\ OffCtlBr\…中找到。

文本框属性设置见表 4-8。

表 4-8 文本框属性设置

对　　象	Name 属性	Multiline
Text1	txtNoteEdit	True

二、事件过程代码

程序代码如下：

```
Option Explicit

Dim st As String
Private Sub cmdCopy_Click()
    st = txtNoteEdit.SelText
    cmdpaste.Enabled = True
End Sub

Private Sub cmdCut_Click()
    st = txtNoteEdit.SelText
    txtNoteEdit.SelText = ""
    cmdpaste.Enabled = True
```

End Sub

Private Sub cmdexit_Click()
    End
End Sub

Private Sub cmdPaste_Click()
    txtNoteEdit.SelText = st
End Sub

Private Sub Form_Load()
    cmdCut.Enabled = True
    cmdcopy.Enabled = True
    cmdpaste.Enabled = False
End Sub

学习支持

命令按钮

命令按钮用于接收用户输入的命令。用户输入命令可以有 3 种方式：① 鼠标单击；② 按 Tab 键使该控件获得焦点；③ 使用快捷键。

命令按钮属性

（1）Caption 属性：设置命令按钮上显示的文本信息。设置时，如果在某字母前加 "&"，则程序运行时标题中的该字母带有下画线（该字母称为热键或快捷键）。当按下 Alt+热键时，可激活该按钮（相当于单击该按钮）。例如，设置 Caption 属性为 "&OK"，则程序运行时按钮上显示 "OK"，带有下画线的字母 "O" 就称为热键。当用户按下 Alt+O 键时，便可激活该命令按钮。

（2）Default 属性：设置窗体中的某个命令按钮为默认按钮。当 Default 属性设置为 True 时，按 Enter 键相当于用鼠标单击该按钮。一个窗体只允许有一个默认按钮。如果某个命令按钮 Default 属性设置为 True，该窗体中其他命令按钮的 Default 属性会全部自动设为 False。

（3）Value 属性：检查该按钮是否按下。该属性在设计时无效。

（4）Cancel 属性：设置窗体中的某一命令按钮为取消按钮。当 Cancel 属性设置为 True 时，按 Esc 键相当于用鼠标单击该按钮。同 Default 属性一样，一个窗体只允许有一个取消按钮。

（5）Picture 属性：按钮可显示图片文件（.bmp 和.Ico）。但只有当 Style 属性值为 1 时 Picture 属性才有效。

（6）Style 属性：设置命令按钮的显示类型。其属性值可设置为：

① 0–Standard：表示标准方式。命令按钮上不能显示图形和背景色。此为默认值。

② 1–Graphical：表示图形方式。可显示图形（在 Picture 属性中设置）和背景颜色（在 BackColor 属性中设置）。

注意：若在 Picture 属性中选择了图片文件，而此处的 Style 属性值为 0，则图片不能显示。

（7）ToolTipText 属性：设置鼠标在命令按钮停留时显示的提示文本信息。通常和 Picture 属性同时使用，一般只用很少的文字对按钮进行解释。

文本框

文本框是一个文本编辑区域，可在该区域输入、编辑和显示正文内容。

1. 文本框属性

（1）Text 属性：文本框没有 Caption 属性，显示和设置文本信息是通过 Text 属性来实现的。通过键盘输入的文本信息，Visual Basic 会自动将其保存在 Text 属性中。在设置 Text 属性时，经常要用到一个 Visual Basic 常量 vbCrLf，其含义是"回车"+"换行"。

（2）Maxlength 属性：设置文本框中允许输入的最大字符数。输入的字符数超过 MaxLength 设定的数目后，文本框将不接收超出部分的字符。该属性默认值为 0，表示无限制。

注意：在 Visual Basic 中字符长度以字为单位，也就是一个西文字符和一个汉字都占用两个字节的空间，长度为 1。

（3）MultiLine 属性：决定文本框是否允许接收多行文本。若设置为 True，则可以接收多行文本。当输入的文本超出文本框的边界或按 Enter 键时，会进行换行。默认值为 False 时，文本框中只能输入一行文本。

（4）Locked 属性：设置文本框是否可以编辑。默认值为 False，表示可以编辑。设置为 True 时，不可以编辑，但此时可对文本框内文字选择复制。但是，当 Enabled 属性设置为 False 时，选择复制也不允许。

（5）PassWordChar 属性：设置是否在文本框中显示用户键入的字符。一般当要求用户输入密码时，使用该属性。只要把该属性设置成某个字符，如"*"，那么文本框就不会显示用户输入的具体内容而只显示"*"。

（6）SelStart，SelLength，SelText 属性：用于表示选中的文本信息。

① SelStart：选定的文本信息的开始位置，第一个字符的位置是 0，依此类推。

② SelLength：选定的文本信息的长度。

③ Seltext：选定的文本信息的内容。

（7）ScrollBars 属性：设置文本框是否有滚动条。只有当 MultiLine 属性为 True 时，ScrollBars 属性才有效。对于 TextBox 控件，ScrollBars 属性的设置值见表 4–9。

表 4–9　ScrollBars 属性表

常　数	设置值	描　述
VbSBNone	0	（默认值）无
VbHorizontal	1	水平
VbVertical	2	垂直
VbBoth	3	两种

2. 主要事件

（1）Change：当改变文本框的 Text 属性时触发该事件。用户在文本框内输入新内容，或程序对 Text 属性重新赋值时，都会使 Text 属性发生改变。当用户输入一个字符时，就会引发一次 Change 事件。例如用户键入"OK!"时，会引发 3 次 Change 事件。

（2）KeyPress（KeyAscii As Integer）：同上，并可返回一个 KeyAscii 参数，适合用来判断所输入的字符值。KeyAscii 为 13，表示用户按下了回车键；为 0，表示用户删除了刚输入的字符。

（3）LostFocus：当文本框失去焦点时触发该事件。焦点的丢失是由于按 Tab 键或单击其他对象而产生的。该事件过程常用来对文本框中的内容进行验证确认。例如，用户在文本框中输入完密码后，密码框失去焦点。此时，触发 LostFocus 事件，进行密码输入是否正确的检查。

（4）GotFocus：当控件获得焦点时发生。

知识巩固

例 检验数据合法性

提示：本程序中有 3 个文本框控件。第 1 个文本框控件中显示的是提示信息，用户可以在第 2 个文本框中输入信息。当输入结束时（按 Tab 键），对于输入正确的数字型字符串，第 3 个文本框显示正确信息；对输入的非数字数据，第 3 个文本框则显示错误信息，并清除文本框中的内容，使焦点重新回到文本框，用户可以重新输入。运行界面如图 4-12 和图 4-13 所示。

图 4-12 输入数字时运行界面

图 4-13 输入非数字时运行界面

程序代码如下：

```
Private Sub Text2_LostFocus()
    Dim i As Integer
    If IsNumeric(Text2) Then
        Text3.Text = "正确!!"
    Else
        Text2.Text = ""                   '清除输入文本框中的内容
        Text2.SetFocus                    '控制权重新回到输入文本框
        Text3.Text = "错误,再输入!!"       '在显示文本框显示有关
    End If
End Sub
```

相关知识说明如下：

（1）Text2_ LostFocus：当 Text 2 失去焦点时，即当在 Text 2 中输入结束后，按 Tab 键或单击其他控件时，该事件激发。

（2）IsNumeric(Text2)：判断在 Text2 中输入的是否是数字数据。

（3）Text2.SetFocus：使焦点重新回到 Text2 中。

课堂训练与测评

账号密码验证程序

（1）要求账号中只能包含数字。如果包含非数字字符，则弹出消息对话框，提示用户按要求输入。

（2）本例中密码为"Gong"。如果输入其他字符，提示用户密码错误。用户输入的密码全部用"*"表示。

界面设计如图 4-14 所示。

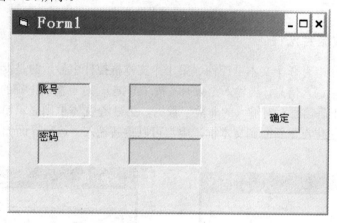

图 4-14　账号密码验证程序运行界面

程序代码如下：

```
Private Sub CmdOk_Click()
    Dim i As Integer
    If TxtPas.Text = "Gong" Then
        MsgBox "输入正确"
    Else
        i = MsgBox("密码错误", 5 + vbExclamation, "输入密码")
        If i <> 4 Then
            End
        Else
            TxtPas.Text = ""
            TxtPas.SetFocus
        End If
```

```
        End If
    End Sub

    Private Sub Form_Load()
        TxtPas.Text = ""
    End Sub

    Private Sub TxtNo_LostFocus()
        If Not IsNumeric(TxtNo) Then
            MsgBox "账号有非数字字符", vbExclamation, "输入账号"
            TxtNo.Text = ""
            TxtNo.SetFocus
        End If
    End Sub
```
思考:

(1)通读整个程序后,请说出在这个程序中"确定"按钮的名称是(   );输入账号的文本框名称是(   );输入密码的文本框名称是(   )。

(2)如果你编写程序时,使用的都是控件的默认名称,代码中哪些地方需要改动?

4.3 项目 设置文字格式

✎ 项目说明

在办公软件中,通常需要对文字的格式进行设置,要选择字体、字号、字形等。本程序演示了设置文字格式的基本方法。

✎ 项目分析

要设置文字的格式,首先要选择字体。无论计算机能够提供多少种字体,用户只能选择一种。字号也是一样。但是,用户可以选择多个字形。所以,字体、字号设置选用了单选按钮控件,字形设置使用的是复选框。用户既要选择字体,又要选择字号。所以,要将选择字体的一组单选按钮和选择字号的一组单选按钮分开。使用框架控件可完成这个目的。此外,使用框架还可以将控件按组布置,使界面更直观、简洁。

✎ 编程实现

一、界面设计

本程序中用到了 3 个框架。第一个框架中的单选按钮用来设置字体,第二个框架中的单选按钮用来设置字号,第三个框架中的复选框用来设置字形。用户改变设置后,文本框中文字的格式将相应改变。运行界面如图 4-15 所示。

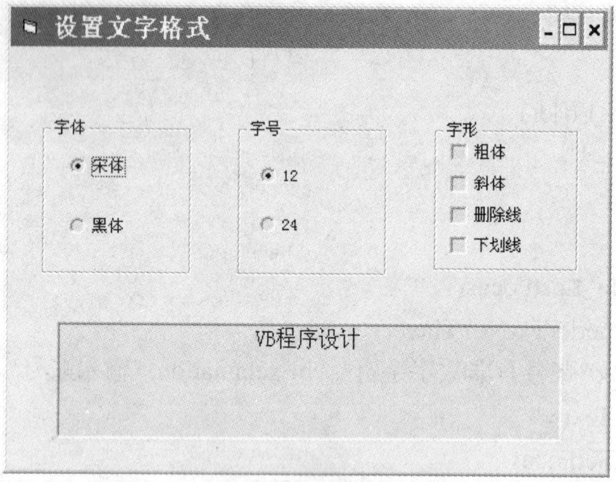

图 4-15 文字格式设置程序运行界面

界面中的各个控件名称都使用的是默认名称。

二、事件过程代码

在窗体的加载事件中，设置界面的初始状态。令文本框中显示初始文字为"VB 程序设计"，并且文字位于文本框中央，同时令 Option1 和 Option3 处于选中状态。程序代码如下：

Private Sub Form_Load()
    '文本框中文字居中对齐
    Text1.Text = "VB 程序设计"
    Text1.Alignment = vbCenter
    Option1.Value = True
    Option3.Value = True
End Sub

设置字体格式，使用文本框的 FontName 属性或 Font.Name 来实现。注释部分是编写代码的另一种方法。字体名称要用双竖撇（""）括起。程序代码如下：

Private Sub Option1_Click()
    'Text1.Font.Name = "宋体"
    Text1.FontName = "宋体"
End Sub
Sub Option2_Click()
    'Text1.Font.Name = "黑体"
    Text1.FontName = "黑体"
End Sub

设置字号，使用文本框的 FontSize 属性或 Font.Size 来实现。注释部分是编写代码的另一种方法。字号要用数字形式表示程序代码如下：

Private Sub Option3_Click()

```
        'Text1.Font.Size =12
        Text1.FontSize = 12
End Sub
Private Sub Option4_Click()
        'Text1.Font.Size =12
        Text1.FontSize = 24
End Sub
```

设置字体是否为粗体，使用 FontBold 属性或 Font.Bold 属性实现。该属性的取值为 True 或 False。每单击一次此控件，该属性值都要在 True 和 False 之间切换，所以使用了 Not 语句。程序代码如下：

```
Sub Check1_Click()
        'Text1.Font.Bold = Not Text1.Font.Bold
        Text1.FontBold = Not Text1.FontBold
End Sub
```

设置字体是否为斜体，使用 FontItalic 属性或 Font.Italic 属性实现。程序代码如下：

```
Sub Check2_Click()
        'Text1.Font.Italic = Not Text1.Font.Italic
        Text1.FontItalic = Not Text1.FontItalic
End Sub
```

设置字体是否为删除线，使用 Font Strikethrough 属性或 Font. Strikethrough 属性实现。程序代码如下：

```
Sub Check3_Click()
        'Text1.Font.Strikethrough = Not Text1.Font.Strikethrough
        Text1.FontStrikethrough = Not Text1.FontStrikethrough
End Sub
```

设置字体是否为下画线，使用 FontUnderline 属性或 Font. Underline 属性实现。程序代码如下：

```
Sub Check4_Click()
        'Text1.Font.Underline = Not Text1.Font.Underline
        Text1.FontUnderline = Not Text1.FontUnderline
End Sub
```

学习支持

单选按钮

单选按钮用于设置一组相互排斥的选项。单选按钮必须成组出现。选中某个单选按钮后，单选按钮的圆圈中会出现一个黑点。

1. 重要属性

（1）Caption 属性：设置单选按钮的文本注释，即文本标题。

（2）Alignment 属性：有两个取值，用来确定按钮和标题的相对位置。

① 0：按钮显示在左边，标题显示在右边。
② 1：按钮显示在右边，标题显示在左边。

(3) Value 属性：决定单选按钮的状态。有两个逻辑型取值，分别为 True 和 False。True 表示单选按钮被选中；False 表示单选按钮未被选中。

(4) Style 属性：用来指定单选按钮的显示方式。0–Standard：表示标准方式；

1–Graphical：表示图形方式。可以利用 Picture、DownPicture 属性设置不同的图像，分别表示选中、未选中状态。

2. 事件

Click：选中单选按钮时将触发其 Click 事件。

复选框

复选框是应用程序中允许用户进行多项选择的控件，表明一个特定的状态是选定还是清除。选中状态下，其方框中出现一个对号。其 Caption 属性、Alignment 属性和单选按钮意义相同。

1. 重要属性

(1) Value 属性：决定复选框控件的状态。该属性有 3 个取值，分别为 0 和 1、2。具体含义见表 4–10。

表 4–10 Value 属性值

设置值	说明
0–VbUnchecked	复选框没有被选中
1–VbChecked	复选框被选中
2–VbGrayed	复选框目前暂时不能访问，呈灰色

(2) Style 属性：用来指定复选框的显示方式。0–Standard：表示标准方式；1–Graphical：表示图形方式。可以利用 Picture、DownPicture 和 DisabledPicture 属性设置不同的图像，分别表示"选中"、"未选中"和"禁止选择"3 种状态。

2. 事件

Click：用户单击复选框控件指定"选定"或"未选定"状态时都将触发其单击事件。

框架（Frame）

当需要在同一窗体中建立几组相互独立的单选按钮时，就需要用框架将每一组单选按钮框起来。这样，在一个框架内的单选按钮为一组，它们的操作不影响框外的其他组的单选按钮。另外，对于其他类型的控件用框架框起来，可提供视觉上的区分和总体的激活。

在窗体上创建框架及其内部控件的方法有两种。

方法 1：先在窗体上建立框架，然后单击工具箱上的控件，当鼠标指针出现"+"时，在框架中适当位置拖拉出适当大小的控件。不能使用双击工具箱上图标的自动方式。

方法 2：先在窗体上建立非框架控件，然后再建立框架。将控件剪切到剪贴板，然后粘贴（按 Ctrl+V 键）到框架。

1. 重要属性

（1）Caption 属性：用来设置框架左上角的标题名称。如果 Caption 属性为空字符，则框架为封闭的矩形框。

（2）Enabled 属性：当其值为 False 时，框架在窗体中的标题正文呈灰色，表示框架内的所有对象均被屏蔽，不允许对框架内的对象进行操作。

（3）Visible 属性：值为 True 时，框架及其内控件可见；值为 False 时，框架及其内控件对象被隐藏起来，不可见。

2. 事件

Click、DblClick 事件：一般不需要编写框架的事件过程。

❑ 知识巩固

例 字体、字号设置

按照图 4–16 所示，建立框架及其内容控件，并编写相应代码，对文本框中的内容进行格式设置。要求按下"确定"按钮后，文本框中文字的格式才发生变化。代码应该编写在"确定"按钮的单击事件（Click）中。

程序代码如下：

```
Private Sub Command1_Click()
    Text1.FontName = IIf(Option1, "宋体", "黑体")
    Text1.FontSize = IIf(Option3, 8, 12)
End Sub

Private Sub Command2_Click()
    End
End Sub
```

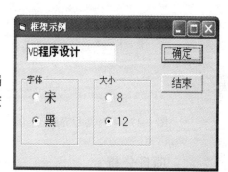

图 4–16　字体、字号设置程序运行界面

IIf 函数

格式：IIf（表达式，表达式为 True 时返回值，表达式为 False 时返回值）

功能：先判断表达式的值，如果值为 True，则函数返回第二个参数的值；如果值为 False，则函数返回第三个参数的值。

4.4　项目　设置并显示计算机信息

❑ 项目说明

设计如图 4–17 和图 4–18 所示的应用程序。第一个界面为初始界面，第二个界面是用户进行相应选择并单击 OK 按钮后的运行界面。当"计算机"和"操作系统"复选框未被选定时，它们所在框架的其他控件不能使用。当"计算机"和"操作系统"复选框被选定后，用户可以进行品牌、数量及操作系统的设置。在"品牌"组合框，用户既可以选择已有项目，也可以输入新的项目。这个组合框要求有记忆功能，能够将一个输入的选项添加到列表框中供下次选择。如果单击"确认"按钮显示所选择配置。

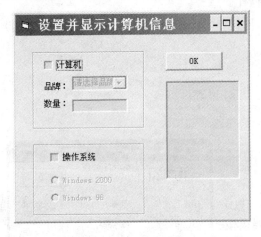

图 4-17　程序运行界面（一）

图 4-18　程序运行界面（二）

📎 项目分析

本程序涉及的控件有框架、复选框、单选按钮、文本框、命令按钮和列表框、组合框。用来显示品牌的控件使用的是组合框，单击 OK 按钮后在列表框中显示用户的配置信息。通过本程序重点掌握向组合框、列表框中添加项目并显示的方法。

📎 编程实现

一、界面设计及属性设置

本程序中所有控件都使用默认名称。在初始状态，组合框的 Text 属性设为"请选择品牌"，List 属性中添加了"联想"和"方正"两个项目（在 List 属性中添加一个项目后按下 Ctrl+Enter 键后可以继续添加下一个项目）。

二、事件过程代码

初始状态下，组合框、文本框及单选按钮都呈灰色，不可用。程序代码如下：

```
Private Sub Form_Load()
    ' Combo1 中的选项已在设计状态通过 List 属性设计
    Combo1.Enabled = False
    Text1.Enabled = False
    Option1.Enabled = False
    Option2.Enabled = False
```

End Sub

用户选中"计算机"复选框后,可以设置品牌及数量;取消"计算机"复选框后,不可以设置品牌及数量。程序代码如下:

```
Private Sub Check1_Click()
    Combo1.Enabled = Not Combo1.Enabled
    Text1.Enabled = Not Text1.Enabled
End Sub
```

用户选中"操作系统"复选框后,可以选择操作系统;取消"操作系统"复选框后,不可以选择操作系统。程序代码如下:

```
Private Sub Check2_Click()
    Option1.Enabled = Not Option1.Enabled
    Option2.Enabled = Not Option2.Enabled
End Sub
```

当焦点离开组合框时,组合框的 LostFocus 事件被触发。利用该事件过程将用户输入的计算机品牌添加到组合框中。但是,添加到组合框的新项目不能永久保存,下次运行该程序时看不到上次保存的项目。程序代码如下:

```
Private Sub Combo1_LostFocus()
    flag = False
    For i = 0 To Combo1.ListCount – 1
        If Combo1.List(i) = Combo1.Text Then
            flag = True
            Exit For
        End If
    Next
    If Not flag Then
        Combo1.AddItem Combo1.Text
    End If
End Sub
```

根据用户选择,先清空列表框中原有内容,再向列表框中添加最新信息。程序代码如下:

```
Private Sub Command1_Click()
    List1.clear
    If Check1.Value = 1 Then
        List1.AddItem Combo1
        List1.AddItem Text1
    End If
    If Check2.Value = 1 Then
        If Option1 Then
            List1.AddItem "Windows 2000"
        Else
```

            List1.AddItem "Windows 98"
          End If
        End If
End Sub

📖 学习支持

列表框和组合框

列表框（ListBox）控件用来以选项列表形式显示一系列选项，并可以从中选择一项或多项。列表框（ListBox）的特点是只能从中选择，不能直接写入或修改其内容。组合框（ComboBox）是结合了文本框和列表框的特性而形成的一种控件。组合框在列表框中列出可供用户选择的选项。此外，还有一个文本框。当列表框中没有所需选项时，除了下拉式列表框（Style 属性为 2）外，都允许在文本框中用键盘输入。若用户选中列表框中某个选项，则该选项的内容会自动装入文本框中。组合框占用的窗体空间比列表框要小。

1. 重要属性

（1）List：List 属性用来返回或设置列表框或组合框控件的列表项。List 是一个字符串数组，数组的每一项都是一个列表项。语法格式为：对象名.List(Index)[=字符串]。其中，参数 Index 为列表项的索引。在列表框和组合框中，列表项的索引依次为 0，1， 2，…参数字符串是列表项的实际内容。

List 属性经常和 ListCount、ListIndex 属性结合起来使用，用来访问列表中的项目。对列表框来说，第一个项目的索引为 0，最后一个项目的索引为 ListCount−1。当列表索引值超出列表项的范围时，则返回一个零长度字符串。例如，对于列表框控件，List(−1)则返回一个空字符串。

（2）ListIndex：ListIndex 属性返回或设置列表框或组合框控件中当前所选择的项目的索引。语法格式为：对象名.ListIndex。如果 ListIndex 设置为−1，则表示当前没有选择任何列表项。如果设置为 n（n 为整数），则表明当前选择项目的索引。表达式 List（Listl. ListIndex）返回 Listl 中当前选择的列表项的字符串。

列表中的第一项是 ListIndex=0，按照顺序 ListIndex 依次递增。ListIndex 的最大值为 ListCount−1。对于可以进行多选的控件，ListIndex 的行为取决于所选择项目的个数。如果仅选择了一个项目，则 ListIndex 返回该项的索引；如果选择了多个项目，则 ListIndex 返回包含在列表框中具有焦点的项目的索引，不管该项是否被选中。

（3）ListCount：ListCount 属性返回列表框或组合框控件的列表项目的总数。语法格式为：对象名.ListCount。

（4）Text：Text 属性返回列表框或组合框控件中被选中的项目的字符串。语法格式为：对象名.Text。该属性与 ListIndex 类似。当 MultiSelect 属性设置为 0 时，Text 属性返回被选中项目的文本字符串；当 MultiSelect 属性不为 0 时，返回具有焦点的项目的文本字符串，不管该项目是否被选中。

（5）Selected：Selected 属性只用于列表框，用来返回或设置在列表框控件中的一个项的选择状态。该属性是一个与 List 属性具有相同数目的布尔型数组。语法格式为：对象名.Selected(index)[=True / False]。参数 Index 为列表框控件中列表项的索引号。如果该属性设置为 True，则表示 Index 所指的项被选中；否则，表示该项没有被选中。

可以使用 Selected 属性快速地检索出列表中哪些项被选中。也可以在代码中通过该属性选中某些项或取消已选中的某些项。如果 MultiSelect 属性被设置为 0，那么 ListIndex 属性与 Selected 属性都可以用来获得选中项的索引。但是，如果 MultiSelect 不为 0，则应当使用 Selected 属性来检查选中的项目。因为，ListIndex 属性返回的是具有焦点的列表项的索引。

如果列表框控件的 Style 属性设置为 1（复选列表框），则 Selected 属性只对那些被选中的项返回 True，而对于具有焦点显示为高亮度的项不返回 True。

（6）Style：Style 属性用来确定列表框或组合框的样式。在 Visual Basic 中，列表框和组合框的 Style 属性的取值见表 4–11 和表 4–12。

表 4–11　组合框的 Style 属性值

设置值	对应的 Visual Basic 常数	描述
0–Standard	VbListBoxStandard	（默认值）标准列表框
1–CheckBox	VbListBoxCheckbox	复选列表框。在列表框控件中，每一个列表项的边上都有一个复选框

表 4–12　组合框的 Style 属性值

设置值	对应的 Visual Basic 常数	描述
0–DropDown Combo	VbComboDropDown	（默认值）下拉式组合框，包括一个下拉式列表和一个文本框，可以从列表选择或在文本框中输入
1–Simple Combo	VbComboSimple	简单组合框。包括一个文本框和一个不能下拉的列表。可以从列表中选择或在文本框中输入。简单组合框的大小包括编辑和列表部分
2–Drop-Down List	VbComboDrop DownList	下拉式列表。这种样式仅允许从下拉列表中选择而不允许输入

（7）Sorted：Sorted 属性用来确定列表项是否可以自动按字母表顺序进行排序。语法格式为：对象名.Sorted。取值为 True 或 False。

下面用两个简单的例子熟悉一下列表框和组合框的属性。

例　创建如图 4–19 所示的列表框程序

列表框各主要属性的值如下。

List1.ListIndex = 3 　（下标从 0 开始的）。

List1. ListCount = 5。

List1. Selected(3) = True，其余为 False。

List1. Sorted = False，没有排序。

List1. Text 为 "cox"，与 List1. List(List1. ListIndex) 相等。

例　创建如图 4–20 所示的组合框程序

图 4–19　列表框示例

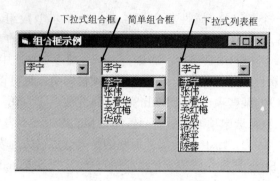

图 4-20 组合框示例

组合框各主要属性的值如下。

Combo1.ListIndex = 0。

　　Combo11. ListCount = 8。

　　Combo11. Selected(3) = True，其余为 False。

Combo11. Sorted = False。

Combo11. Text 为 "李宁"。

1. 常用方法

（1）AddItem：AddItem 方法用来向列表中添加列表项。语法格式为：

对象名.AddItem 列表项，索引

　　参数"列表项"是必要的。它是一个字符串表达式，用来指定添加到列表框或组合框中的项目。

　　参数"索引"是可选的。它是一个整数，用来指定添加的新项目在列表框或组合框中的索引位置。如果所指定的索引值有效，则列表项将放置在列表框或组合框中相应的位置。如果省略"索引"，当 Sorted 属性设置为 True 时，列表项将添加到恰当的排序位置；当 Sorted 属性设置为 False 时，则列表项将添加到列表的结尾。

（2）RemoveItem：RemoveItem 方法用来从列表中删除列表项。语法格式为：

对象名. RemoveItem，索引参数"索引"用来指定被删除项在列表中的位置。

（3）Clear：Clear 方法用来清除列表中所有的列表项。语法格式为：

对象名.Clear

2. 事件

（1）Click：在列表框或组合框内单击选项触发此事件。

（2）DblClick：在列表框或组合框内双击选项触发此事件。

（3）Change：在组合框中编辑文本触发此事件。列表框没有此事件。

◇ 知识巩固

例　课程的添加、删除、修改

用"添加"按钮添加文本框中的文本到列表框中，用"删除"按钮删除选中的选项，用

"修改"按钮修改选中的选项。程序运行界面如图 4-21 所示。

窗体加载事件程序代码如下：

```
Option Explicit
Sub Form_Load()
    List1.AddItem "计算机文化基础"
    List1.AddItem "VB 6.0 程序设计教程"
    List1.AddItem "操作系统"
    List1.AddItem "多媒体技术"
    List1.AddItem "网络技术基础"
    Command4.Enabled = False
End Sub
```

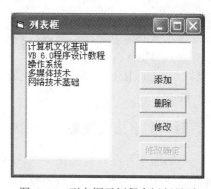

图 4-21 列表框示例程序运行界面

"添加"按钮单击事件过程代码如下：

```
Sub Command1_Click()
    List1.AddItem Text1
    Text1 = ""
End Sub
```

"删除"按钮单击事件过程代码如下：

```
Sub Command2_Click()
    List1.RemoveItem List1.ListIndex
End Sub
```

"修改"按钮单击事件过程代码如下：

```
Sub Command3_Click()
    Text1 = List1.Text                  ' 将选定的选项送文本框供修改
    Text1.SetFocus
    Command1.Enabled = False
    Command2.Enabled = False
    Command3.Enabled = False
    Command4.Enabled = True
End Sub
```

"修改确定"按钮单击事件过程代码如下：

```
Sub Command4_Click()
    ' 将修改后的选项送回列表框，替换原项目，实现修改
    List1.List(List1.ListIndex) = Text1
    Command4.Enabled = False
    Command1.Enabled = True
    Command2.Enabled = True
    Command3.Enabled = True
    Text1 = ""
```

End Sub

列表框的双击事件。双击列表框中某一选项，将删除此选项。程序代码如下：
Private Sub List1_DblClick()
    List1.RemoveItem List1.ListIndex
End Sub

例 文字格式设置

示例程序界面设计如图 4-22 所示。字体列表框的 Style 属性设为 1，字号列表框的 Style 属性设为 0。字体、字号列表框中的初始值都是通过编程实现的。阅读代码，判断出各控件类别、名称，进行相应属性设置后，再上机实验。

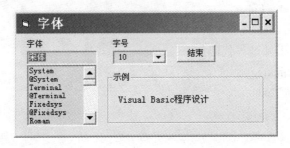

图 4-22 字体格式设置程序运行界面

提示：Screen.FontCount 返回当前显示设备或活动打印机可用的字体数。
Screen.Fonts 返回当前显示器或活动打印机可用的所有字体名。
程序代码如下：
Private Sub Form_Load()
    Dim i As Integer
'向字体组合框添加项目
    For i = 0 To Screen.FontCount – 1
        cboFontName.AddItem Screen.Fonts(i)
    Next I
'向字号组合框添加项目
    For i = 8 To 30 Step 2
        cboFontSize.AddItem Str(i)
    Next i
    lblExample.FontName = "宋体"
    lblExample.FontSize = 10
    cboFontName.Text = "宋体"
    cboFontSize.Text = Str(10)
End Sub

Private Sub cboFontName_Click()

```
    lblExample.FontName = cboFontName.Text
End Sub
```
用户也可以向字号组合框中输入字号(如 17)。只要改变控件的文本框部分的正文就会触发 Change 事件。
```
Private Sub cboFontSize_Change()
    lblExample.FontSize = Val(cboFontSize.Text)
End Sub

Private Sub cboFontSize_Click()
    lblExample.FontSize = Val(cboFontSize.Text)
End Sub

Private Sub cmdCancel_Click()
    lblExample.FontName = "宋体"
    lblExample.FontSize = 10
    cboFontName.Text = "宋体"
    cboFontSize.Text = Str(10)
End Sub

Private Sub cmdOK_Click()
    End
End Sub
```

4.5 项目 调色板

✎ 项目说明

利用 3 个水平滚动条控件设计一个调色板程序。界面如图 4–23 所示。

✎ 项目分析

通过调整 3 个滚动条的值来设置颜色。文本框 1 的背景色为当前调出的颜色。按下"设置前景颜色"或"设置背景颜色"按钮后文本框 2 中的前景色或背景色将和文本框 1 的背景色相同。

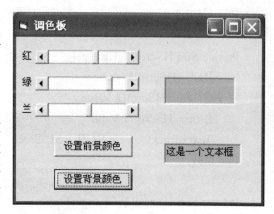

图 4–23 调色板程序运行界面

编程实现

一、界面设计及属性设置

本例中各控件名称均为默认名称。其中3个水平滚动条的最小值均为0，最大值为255。使用 RGB 函数来为文本框设置颜色值。RGB 函数格式是 RGB（red,green,blue）。其中，red，green，blue 各参数的取值范围为 0～255 之间的任意整数，共有 256×256×256 种组合颜色。

二、事件过程代码

程序代码如下：

```
Dim Red, Green, Blue As Long

Private Sub Form_Load()
    Red = HScroll1.Value
    Green = HScroll2.Value
    Blue = HScroll3.Value
    Text1.BackColor = RGB(Red, Green, Blue)
End Sub

Private Sub Command1_Click()
    Text2.BackColor = Text1.BackColor
End Sub

Private Sub Command2_Click()
    Text2.ForeColor = Text1.BackColor
End Sub

Private Sub HScroll1_Change()
    Red = HScroll1.Value
    Green = HScroll2.Value
    Blue = HScroll3.Value
    Text1.BackColor = RGB(Red, Green, Blue)
End Sub

Private Sub HScroll2_Change()
    Red = HScroll1.Value
    Green = HScroll2.Value
    Blue = HScroll3.Value
```

        Text1.BackColor = RGB(Red, Green, Blue)
End Sub

Private Sub HScroll3_Change()
        Red = HScroll1.Value
        Green = HScroll2.Value
        Blue = HScroll3.Value
        Text1.BackColor = RGB(Red, Green, Blue)
End Sub

Private Sub HScroll1_scroll()
        Red = HScroll1.Value
        Green = HScroll2.Value
        Blue = HScroll3.Value
        Text1.BackColor = RGB(Red, Green, Blue)
End Sub

Private Sub HScroll2_scroll()
        Red = HScroll1.Value
        Green = HScroll2.Value
        Blue = HScroll3.Value
        Text1.BackColor = RGB(Red, Green, Blue)
End Sub

Private Sub HScroll3_scroll()
        Red = HScroll1.Value
        Green = HScroll2.Value
        Blue = HScroll3.Value
        Text1.BackColor = RGB(Red, Green, Blue)
End Sub

思考：滚动条的 Scroll 事件和 Change 事件的异同点在哪里？去掉其中一类事件，程序的运行有什么变化？

学习支持

水平滚动条（HScrollBar）控件和垂直滚动条（VScrollBar）控件

滚动条（ScrollBar）控件包括水平滚动条和垂直滚动条，属于内部控件，可以在工具箱中找到对应按钮。这两个控件的属性事件都相同，只是方向不同而已。

1. 滚动条（ScrollBar）控件的重要属性

① Max：水平滚动条最右端或垂直滚动条最底端所对应的值，取值范围为–32,768～32,767。

② Min：水平滚动条最左端或垂直滚动条最顶端所对应的值，取值范围为–32,768～32,767。

③ SmallChange：最小变动值，单击滚动条两端箭头时 Value 属性的改变量。

④ LargeChange：最大变动值，单击滚动条滑块左右或上下两边空白区域时 Value 属性的改变量。

⑤ Value：滑块所处位置所代表的值。

2. 事件

① Scroll：在拖动滑块时会触发 Scroll 事件。

② Change：Value 属性改变时，即在释放滚动滑块、单击滚动条或滚动箭头时会触发 Change 事件。

滑块控件（Slider）

滑块（Slider）控件是包含滑块和可选择性刻度标记的控件。可以通过拖动滑块、用鼠标单击滑块的任意一侧或者使用键盘移动滑块。滑块（Slider）控件属于 ActiveX 控件，要添加滑块（Slider）控件，要在"控件"选项卡中选择"Microsoft Windows Common Control 6.0 (SP3)"，把它添加到工具箱中再使用。

滑块（Slider）控件的重要属性及事件和进度条控件相似。所以，此处只介绍它们之间的不同之处。

SmallChange 属性：是指按键盘方向键移动滑块时产生的位移量。

LargeChange 属性：是指按 PageUP/PageDown 键时，或用鼠标单击滑块的任意一侧时产生的位移量。

◎ 知识巩固

例 用 Slider 控件设置文本框中字体的大小

程序运行界面如图 4–24 所示。

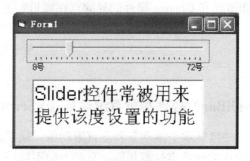

图 4–24 Slider 控件示例程序运行界面

程序代码如下：
Private Sub Form_Load()
　　Slider1.Min = 8
　　Slider1.Max = 72
　　Slider1.SmallChange = 2
　　Slider1.LargeChange = 8
　　Slider1.TickFrequency = 2
End Sub

Private Sub Slider1_change()
　　Text1.FontSize = Slider1.Value
End Sub

Private Sub Slider1_Scroll()
　　Text1.FontSize = Slider1.Value
End Sub

4.6　项目　蝴蝶飞呀飞

项目说明

利用计时器控件和图像框控件模拟蝴蝶飞翔的效果。

项目分析

本例中使用了 3 个图像（Image）控件，分别命名为 imgMain、OpenWings、CloseWings。使用图像（Image）控件的 Picture 属性可以向图像框中加载图片。OpenWings 控件加载的是一幅蝴蝶展开双翅的图片，CloseWings 控件加载的是一幅蝴蝶折叠双翅的图片。利用计时器控件的 Timer 事件在 imgMain 控件中循环加载 CloseWings 和 OpenWings 中的图片，并且不断变化 imgMain 控件的位置，就会出现蝴蝶飞翔的效果了。程序运行结果如图 4–25 和图 4–26 所示。

图 4–25　程序运行界面（一）　　　　　　图 4–26　程序运行界面（二）

编程实现

一、界面设计

本程序中有 3 个图像框控件和 1 个时钟控件、1 个命令按钮。其中有 2 个图像框控件的 Visible 属性要设为 False，只让 imgMain 图像框可见。图 4-27 显示的是设计阶段的界面。运行时，OpenWings 和 CloseWings 控件和时钟控件均不可见。时钟控件的名称为 tmrClock，Interval 属性设为 500。

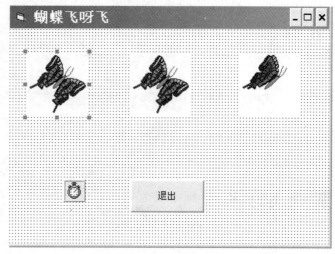

图 4-27　设计阶段界面

二、事件过程代码

程序代码如下：

```
Private Sub tmrClock_Timer()
    Static pickBmp As boolean
    '可通过更改 Move 方法中的两个参数来更改蝴蝶的飞行轨迹
    imgMain.Move imgMain.Left + 200, imgMain.Top
    If pickBmp Then
        imgMain.Picture = openWings.Picture
    Else
        imgMain.Picture = closeWings.Picture
    End If
    '最关键的语句。通过 pickBmp 值的改变来达到改变加载图片的目的。
    pickBmp = Not pickBmp
End Sub
Private Sub cmdEnd_Click()
    End
```

End Sub

📖 学习支持

计时器（Timer）控件

计时器控件可以通过设置时间间隔，有规律地引发其固有的 Timer 事件，执行 Timer 事件过程中的程序代码。计时器控件在程序运行时是不可见的。

1. 重要属性

（1）Interval 属性：该属性表示两个计时器事件之间的时间间隔，以 ms（0.001 s）为单位。如果设为 500，则表示每隔 0.5 秒执行一次 Timer 事件。如果 Interval 属性设为 0（默认值），表示屏蔽计时器，计时器不工作。

（2）Enabled 属性：值为 True 表示计时器有效，开始有效计时；为 False 表示停止计时器工作。

2. 事件

Timer 事件：计时器没有方法，只有一个 Timer 事件。

图像框（Image）控件

Image 控件用来显示图形。

（1）Picture 属性：将图像框控件加载到窗体上后，设置图像框控件的 Picture 属性，找到图片所在文件夹，选中图片可以将图片加载到图像框中。

（2）Stretch 属性：用 Stretch 属性确定是否缩放图形来适应控件大小。Stretch 为 true 时，图像框控件大小不变，加载图片会缩小或放大以适应图像框的大小。Stretch 为 false 时，图像框控件大小改变以适应图片的大小。

注意：应先设置 Stretch 为 true，再加载图片，设置才起作用。如果在 Stretch 为 false 时加载图片，然后再令 Stretch 为 true，设置不会起作用。

📖 知识巩固

例 使用时钟控件自动关闭窗体

设计一个包含两个窗体的程序，利用时钟控件使第一个窗体显示几秒后，显示第二个窗体。可以在第一个窗体中放置图片，第二个窗体中编辑一些文字信息。在第一个窗体中放置一个时钟控件，并设置 Interval 的值。

程序代码如下：

```
Dim dlaytime As Integer

Private Sub Form_Load()
    dlaytime = 0
    Timer1.Enabled = True
End Sub
```

```
Private Sub Timer1_Timer()
If dlaytime >= 10 Then
    Timer1.Enabled = False
    Load Form2
    Form2.Show
    Unload Me
Else
   dlaytime = dlaytime + 1
End If
End Sub
```

4.7 项目 计算书款

📝 项目说明

在本程序中列出了几类书籍的单价。用户可以输入想要购买的书籍的数量，计算机将计算出总书款。

📝 项目分析

本例中每一类书籍中又包括几种书籍。为了使界面清晰，此处使用不同选项卡来显示不同类别的书籍。本程序中有两类书籍，还有一个汇总界面，所以选项卡数目为 3。要求用户在第一、第二选项卡中填写相应值，程序将在第三个选项卡中计算出结果并显示出来。

📝 编程实现

一、界面设计

程序运行时的界面如图 4-28、图 4-29 和图 4-30 所示。

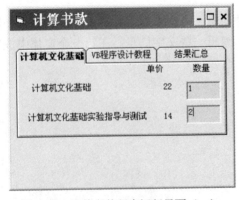

图 4-28 计算书款程序运行界面（一）

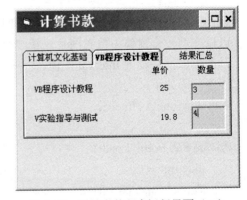

图 4-29 计算书款程序运行界面（二）

在设计阶段先要把选项卡控件添加到窗体上。但是,选项卡控件(SSTab 控件)属于 ActiveX 控件,在标准的工具箱中是找不到的,因而要进行添加。添加步骤如下:

(1)执行"工程"→"部件"命令,弹出如图 4–31 所示的对话框。

(2)选择"控件"选项卡。该选项卡的列表框中列出了目前的所有 ActiveX 控件。

(3)选择"Microsoft Tabbed Dialog Control 6.0"(即定位于 TABCTL32.ocx 文件),单击"确定"按钮就完成了添加操作。此时工具箱中将出现新增的 SSTab 控件。

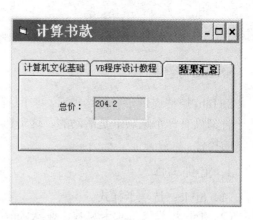

图 4–30 计算书款程序运行界面(三)

(4)将 SSTab 控件添加到窗体上。添加方法和基本控件相同。

将 SSTab 控件添加到窗体上后,发现它默认有 3 个选项卡,每一个选项卡默认的名称分别是 Tab0、Tab1、Tab2。依次单击每一个选项卡,将它们的 Caption 属性依次改为"计算机文化基础"、"VB 程序设计教程"、"结果汇总"。在每一个选项卡中添加所需控件,各控件名称均为默认名称。

二、事件过程代码

选项卡控件的默认事件就是 Click 事件。在该事件中编写代码。程序代码如下:

```
Sub SSTab1_Click(PreviousTab As Integer)
    ' PreviousTab 标识先前为活动的选项卡
    If PreviousTab = 0 Or PreviousTab = 1 Then
        Text5 = Val(Text1) * 22 + Val(Text2) * 14 + Val(Text3) * 25 + Val(Text4) * 19.8
    End If
End Sub
```

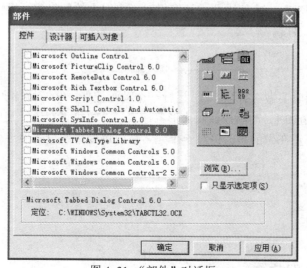

图 4–31 "部件"对话框

📖 学习支持

SSTab 控件

SSTab 控件提供了一组选项卡，每个选项卡都可作为其他控件的容器。在 SSTab 控件中，同一时刻只有一个选项卡是活动的。这个选项卡向用户显示它所包含的控件，隐藏其他选项卡中的控件。

1. 重要属性

（1）Style：选项卡样式。
（2）Tabs：设置选项卡总数。在默认情况下，新建的 SSTab 控件有 3 个选项卡，可以通过 Tabs 属性进行设置，适当增加或减少选项卡数目。
（3）TabsPerRow：每一行选项卡的数目。
（4）Rows：选项卡总行数。
（5）TabOrientation：选项卡的位置。
（6）ShowFocusRect：决定选项卡上的焦点矩形是否可视。
（7）Tab：当前选项卡的序号。序号从 0 开始，如果 Tab 为 1，则第二个选项卡为当前活动的选项卡。

2. 事件

SSTab 控件的常用事件是 Click、DblClick 事件。

4.8 项目 演示任务完成进度

📖 项目说明

利用计算机可以完成一些计算任务。但是，完成这些任务花费的时间、这些任务完成的进度如何无法直观观察到。本例中要求计算机对一个很大的数组进行操作，同时用一个动画控件演示任务完成的进度。

📖 项目分析

本程序中几乎同时要做 3 件事：① 运行一个动画控件；② 对数组中的一个元素进行赋值；③ 令进度条的值加 1。动画控件用来形象地表示计算机正在进行某项操作。对数组元素进行赋值是计算机真正在做的事。每对一个元素赋值进度条的值就加 1。这样，可以反映出任务完成的进度。

📖 编程实现

一、界面设计

运行界面如图 4-32 所示。

在设计阶段，在窗体中添加3个控件：命令按钮、动画控件（Animation）和进度条控件（ProgressBar）。动画控件（Animation）和进度条控件（ProgressBar）都属于 ActiveX 控件。添加方法和添加选项卡控件的方法类似。添加 Animation 控件，要在"控件"选项卡中选择"Microsoft Windows Common Control-2 6.0"。添加进度条（ProgressBar）控件，要在"控件"选项卡中选择"Microsoft Windows Common Control 6.0"。

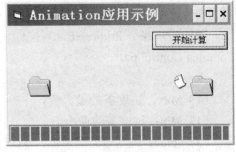

图 4-32　示例程序运行界面

二、事件过程代码

在窗体的加载事件中，令进度条不可见。按下"开始计算"按钮后，开始执行程序。程序代码如下：

```
Private Sub Form_Load()
    ProgressBar1.Align = vbAlignBottom
    ProgressBar1.Visible = False
End Sub

Private Sub Command1_Click()
    Dim Counter As Long
    Dim Workarea(300000) As String
    Animation1.Open (App.Path + "\filecopy.avi")
    Animation1.Play
    ProgressBar1.Min = LBound(Workarea)
    ProgressBar1.Max = UBound(Workarea)
    ProgressBar1.Visible = True
    ProgressBar1.Value = ProgressBar1.Min      '设置进度的值为 Min。
    For Counter = LBound(Workarea) To UBound(Workarea)   '在整个数组中循环。
        Workarea(Counter) = "Initial value" & Counter  '设置数组中每项的初始值。
        ProgressBar1.Value = Counter
    Next Counter
    ProgressBar1.Visible = False
    ProgressBar1.Value = ProgressBar1.Min
    Animation1.Close
End Sub
```

 学习支持

进度条（ProgressBar）控件

进度条（ProgressBar）控件可以用来形象地指示程序工作的进程。例如，在进行数据复制、安装软件时，记录每个时刻完成的复制进度就是用进度条完成的。

添加进度条（ProgressBar）控件，要在"控件"选项卡中选择"Microsoft Windows Common Control 6.0"。

重要属性

（1）Max：进度条的最大值。

（1）Min：进度条的最小值。

（3）Value：进度条的当前值。该属性只能在运行时获得，或只能在程序代码中编程设置，不能在属性窗口中设置。在进度条的属性窗口中看不见 Value 属性。

Animation 控件

Animation 控件可以播放没有声音的 AVI 视频文件。AVI 动画由若干帧组成。Animation 控件使用简单，功能也较为简单，并且不能播放有声音的 AVI 文件。因此，它只用于简单的动画演示。

添加 Animation 控件，要在"控件"选项卡中选择"Microsoft Windows Common Control-2 6.0"。

1. 属性

（1）Center：用于设置动画播放的位置。当该属性设为 True（默认）时，会根据图像的大小，在控件中心显示动画。当该属性设为 False 时，则动画定位在控件对象（0，0）处。

（2）AutoPlay 属性：该值确定 Animation 控件是否开始播放 AVI 文件。其值为 True 时，一旦将 AVI 文件加载到 Animation 控件中，AVI 文件就会连续循环地自动播放，直到 Autoplay 的值为 False 时停止。其值为 False 时，即使加载了 AVI 文件，也必须使用 Play 方法才能播放它。

2. 方法

（1）Open：打开一个要播放的 AVI 文件。如果 AutoPlay 的属性设为 True，则只要加载了该文件，就开始播放它。在关闭 AVI 文件或设置 AutoPlay 属性为 False 之前，它将不断重复播放。

格式：控件名.Open 欲打开播放的文件名

（2）Play： 在 Animation 控件中播放 AVI 文件。

格式：控件名.Play [重复播放的次数][，起始播放的帧号][，停止播放的帧号]

（3）Stop：用来终止 Animation 控件播放的 AVI 文件。

格式：控件名.Stop

（4）Close：播放结束时使用 Close 方法关闭文件。

格式：控件名.Close

如果用户试图用 Animation 控件播放有声的 AVI 文件，系统将给出代码为 35752 的错误信息，表示系统不能打开该文件。

4.9 项目　简单计算器

📎 项目说明

设计一个可以实现十进制数的加、减、乘、除运算的简单计算机。要求如下。

（1）可以将数字键按其数值的大小定义为一个控件数组的相应元素，以便于代码的识别和引用。

（2）运算符定义为另一个控件数组。

（3）注意小数点的输入。小数点在首位时，显示时前面要加"0"，即显示为"0.3"而不是".3"；小数点在数值中不能重复出现，即要避免出现"0.3.3"的非法数值。

（4）区分负号与减号。通常前面已有运算符或前面既无运算符也无数值时，紧接着输入的"−"号视作负号；否则，视作减号。

📎 项目分析

程序界面中应该包含 0~9 共 10 个数字按钮以及"+"、"−"、"*"、"/"、"="操作符及"%"、"."，还应有一个标签来显示数字及计算结果。其中 0~9 共 10 个数字按钮用一个控件数组来实现，"+"、"−"、"*"、"/"、"="操作符按钮用另一个控件数组实现。程序设计界面如图 4–33 所示。

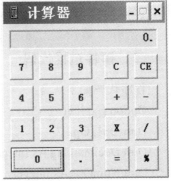

图 4–33　计算器程序设计界面

📎 编程实现

一、界面设计

除了两个控件数组外，其余控件的设计都比较简单。它们的属性设置见表 4–13。

表 4–13　相关控件属性

对象	Name（名称）	Caption	说　　明
标签	Readout	0.	显示输入数字及计算结果
命令按钮	Cancel	C	重新设置显示并初始化变量
命令按钮	CancelEntry	CE	取消输入
命令按钮	Percent	%	计算并显示第一个操作数的百分数
命令按钮	Decimal	.	追加一个小数点

建立 0~9 数字控件数组步骤说明如下：

（1）向窗体中添加一个命令按钮，将该按钮名称设为 Number，Caption 属性设为"0"，

Index 属性设为"0"。

（2）继续向窗体中添加一个命令按钮，同样将该按钮名称设为 Number，但其 Caption 属性设为"1"，Index 属性设为"1"。调整这个按钮的位置和大小。

（3）将 Index 属性值为"1"的命令按钮复制并粘贴到本窗体中，调整它的位置，更改它的 Caption 属性为"2"。新粘贴的按钮的 Index 属性会自动加 1。

（4）同第三步中所述方法，创建多个命令按钮，将它们的 Caption 属性依次设为"3～9"。将位置调整好。粘贴到窗体中的命令按钮全部默认放置在窗体左上角，所以，必须用鼠标拖动它到相应位置。

建立"+"、"−"、"*"、"/"、"="操作符命令按钮数组的方法同数字按钮。操作符命令按钮数组的名称是 Operator。Index 值对应的操作符号设置见表 4–14。

表 4–14 Index 属性值

操作符（n）
+ = Operator（1）
− = Operator（2）
×= Operator（3）
/ = Operator（4）
= = Operator（5）

二、事件过程代码

程序代码如下：

```
Option Explicit
Dim Op1, Op2                   ' 预先输入操作数。
Dim DecimalFlag As Integer     ' 小数点存在吗？
Dim NumOps As Integer          ' 操作数个数。
Dim LastInput                  ' 指示上一次按键事件的类型。
Dim OpFlag                     ' 指示未完成的操作。
Dim TempReadout


' C (取消) 按钮的 Click 事件过程
' 重新设置显示并初始化变量。
Private Sub Cancel_Click()
    Readout = Format(0, "0.")
    Op1 = 0
    Op2 = 0
    Form_Load
End Sub


' CE (取消输入) 按钮的 Click 事件过程
Private Sub CancelEntry_Click()
    Readout = Format(0, "0.")
    DecimalFlag = False
    LastInput = "CE"
End Sub
```

' 小数点 (.) 按钮的 Click 事件过程
' 如果上一次按键为运算符，初始化 readout 为 "0."；
' 否则显示时追加一个小数点。
Private Sub Decimal_Click()
    If LastInput = "NEG" Then
        Readout = Format(0, "-0.")
    ElseIf LastInput <> "NUMS" Then
        Readout = Format(0, "0.")
    End If
    DecimalFlag = True
    LastInput = "NUMS"
End Sub

' 窗体的初始化过程
' 设置所有变量为其初始值。
Private Sub Form_Load()
    DecimalFlag = False
    NumOps = 0
    LastInput = "NONE"
    OpFlag = " "
    Readout = Format(0, "0.")
    'Decimal.Caption = Format(0, ".")
End Sub

' 数字键 (0~9) 的 Click 事件过程
' 向显示中的数追加新数。
Private Sub Number_Click(Index As Integer)
    If LastInput <> "NUMS" Then
        Readout = Format(0, ".")
        DecimalFlag = False
    End If
    If DecimalFlag Then
        Readout = Readout + Number(Index).Caption
    Else
        Readout = Left(Readout, InStr(Readout, Format(0, ".")) − 1) + Number(Index).Caption + Format(0, ".")
    End If
    If LastInput = "NEG" Then Readout = "−" & Readout
    LastInput = "NUMS"

End Sub

```vb
' 运算符 (+, -, ×, /, =) 的 Click 事件过程
' 如果接下来的按键是数字键, 增加 NumOps。
' 如果有一个操作数, 则设置 Op1。
' 如果有两个操作数, 则将 Op1 设置为 Op1 与 Op2。
' 当前输入字符串的运算结果, 并显示结果。
Private Sub Operator_Click(Index As Integer)
    TempReadout = Readout
    If LastInput = "NUMS" Then
        NumOps = NumOps + 1
    End If
    Select Case NumOps
        Case 0
        If Operator(Index).Caption = "-" And LastInput <> "NEG" Then
            Readout = "-" & Readout
            LastInput = "NEG"
        End If
        Case 1
        Op1 = Readout
        If Operator(Index).Caption = "-" And LastInput <> "NUMS" And OpFlag <> "=" Then
            Readout = "-"
            LastInput = "NEG"
        End If
        Case 2
        Op2 = TempReadout
        Select Case OpFlag
            Case "+"
                Op1 = CDbl(Op1) + CDbl(Op2)
            Case "-"
                Op1 = CDbl(Op1) - CDbl(Op2)
            Case "×"
                Op1 = CDbl(Op1) * CDbl(Op2)
            Case "/"
                If Op2 = 0 Then
                    MsgBox "除数不能为零", 48, "计算器"
                Else
                    Op1 = CDbl(Op1) / CDbl(Op2)
```

第 4 章 Visual Basic 常用控件介绍

```
                End If
            Case "="
                Op1 = CDbl(Op2)
            Case "%"
                Op1 = CDbl(Op1) * CDbl(Op2)
            End Select
            Readout = Op1
            NumOps = 1
        End Select
        If LastInput <> "NEG" Then
            LastInput = "OPS"
            OpFlag = Operator(Index).Caption
        End If
End Sub


' 百分比键（%）的 Click 事件过程
' 计算并显示第一个操作数的百分数。
Private Sub Percent_Click()
        Readout = Readout / 100
        LastInput = "Ops"
        OpFlag = "%"
        NumOps = NumOps + 1
        DecimalFlag = True
End Sub
```

学习支持

控件数组

控件数组是一组具有共同名称和类型的控件。它们的事件过程也相同。一个控件数组至少应有一个元素。在设计时，使用控件数组添加控件所消耗的资源比直接向窗体添加多个相同类型的控件消耗的资源要少。当希望若干控件共享代码时，控件数组也很有用。例如，如果创建了一个包含 3 个选项按钮的控件数组，则单击任一按钮时都将执行相同的代码。

Index 属性区分控件数组中的元素。当数组中的一个控件识别了一个事件时，Visual Basic 将调用公共事件过程并传递一个参数（Index 属性的值），分辨是哪个控件识别事件。

例如，Number_Click 事件过程的第一行代码是这样的：

Private Sub Number_Click (Index As Integer)

如果 Number(0) 识别事件，则 Visual Basic 将 0 作为 index 参数传递。如果 Number(1)

识别事件,则 Visual Basic 将 1 作为 index 参数传递。与索引值不同,对于 Number(0) 到 Number(9),执行的 Number_Click 代码都是相同的。

设计时有3种方法创建控件数组。

(1) 将相同名字赋给多个控件。

(2) 复制现有的控件并将其粘贴到窗体上。

(3) 将控件的 Index 属性设置为非 Null 数值。

1. 通过改变控件名称添加控件数组元素

(1) 绘制控件数组中要添加的控件(必须为同一类型的控件),决定哪一个控件作为控件数组中的第一个元素。

(2) 选定控件,并将其 Name 属性值变成数组第一个元素的 Name 值。

(3) 在数组中为控件输入现有名称时,Visual Basic 将显示一个对话框,要求确认是否要创建控件数组。此时单击"确定"按钮确认操作。

例如,若控件数组第一个元素名为 cmdCtlArr,则选择一个命令按钮,将其添加到数组中,并将其名称设置为 cmdCtlArr,此时将显示这样一段信息:"已经存在名为 'cmdCtlArr' 的控件。是否要创建控件数组?"。单击"确定"按钮确认操作。

用这种方法添加的控件仅仅共享 Name 属性和控件类型,其他属性与最初绘制控件时的值相同。

2. 通过复制现存控件添加控件数组元素

(1) 绘制控件数组中的控件。

(2) 当控件获得焦点时,执行"编辑"→"复制"命令。

(3) 执行"编辑"→"粘贴"命令。Visual Basic 将显示一个对话框询问是否确认创建控件数组。单击"确定"按钮确认操作。

指定给控件的索引值为 1。绘制的第一个控件具有索引值 0。

每个新数组元素的索引值与其添加到控件数组中的次序相同。这样添加控件时,大多数可视属性,如高度、宽度和颜色等,将从数组中第一个控件复制到新控件中。

3. 运行时添加控件数组

在运行时,可用 Load 和 Unload 语句添加和删除控件数组中的控件。添加的控件必须与现有控件数组的元素相同。必须先在设计时创建一个 Index 属性为 0 的控件,然后在运行时使用如下语法添加和删除数组中的控件。

Load Object(index%)

Unload object(index%)

相关参数说明见表 4-15。

表 4-15 Load 和 Unload 语句参数说明

参 数	描 述
Object	在控件数组中添加或删除的控件名称
index%	控件在数组中的索引值

加载控件数组的新元素时,大多数属性设置值将由数组中具有最小下标的现有元素复制得到。本例中是索引值为 0 的元素。因为不会自动把 Visible、Index 和 TabIndex 属性设置值复制到控件数组的新元素中,所以,为了使新添加的控件可见,必须将其 Visible 属性设置为 True。

注意:试图对数组中已存在的索引值使用 Load 语句时,Visual Basic 将生成一个错误。可用 Unload 语句删除所有由 Load 语句创建的控件。但是,Unload 无法删除设计时创建的控件,无论它们是否是控件数组的一部分。

知识巩固

例 在控件数组中添加和删除控件

本程序演示如何在运行时添加和删除控件。此处,控件数组是单选按钮。通过这个示例,用户可以添加单选按钮,改变图片框背景颜色。

窗体,在上面绘制 1 个图片框、1 个标签、2 个选项按钮和 3 个命令按钮。在设计阶段完成的界面如图 4-34 所示。

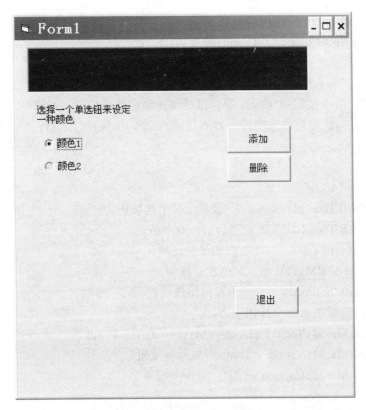

图 4-34 示例程序设计阶段界面

应用程序中对象的属性设置值见表 4-16。

表 4–16　窗体中控件属性值

对象	Name	Caption	Index	说明
标签 1	lbldisplay			其背景颜色显示颜色的变化
标签 2	lblinstruction	选择一个单选钮来设定一种颜色		提示
单选按钮 1	optbutton	颜色 1	0	
单选按钮 2	optbutton	颜色 2	1	
命令按钮 1	cmdAdd	添加		添加单选按钮
命令按钮 2	cmdDelete	删除		删除单选按钮
命令按钮 3	cmdClose	退出		退出程序

程序代码如下：
```
Dim MaxId As Integer

'所有单选按钮共享 Click 事件过程

Private Sub optButton_Click(Index As Integer)
    lblDisplay.BackColor = QBColor(Index + 1)
End Sub
```

'通过"添加"命令按钮的 Click 事件过程添加新的单选按钮。本例中，在执行 Load 语句前，代码将检查确认加载的选项按钮数不超过 10 个。加载控件之后，必须将其 Visible 属性设置为 True。

```
Private Sub cmdAdd_Click()
    If MaxId = 0 Then MaxId = 1      '设置全部单选按钮。
    If MaxId > 8 Then Exit Sub       '只允许 10 个按钮。
    MaxId = MaxId + 1                '按钮计数递增。
    Load OptButton(MaxId)            '创建新按钮。
    OptButton(0).SetFocus            '重置按钮选项。
    '将新按钮放置在上一个按钮下方。
    OptButton(MaxId).Top = OptButton(MaxId – 1).Top + 400
    OptButton(MaxId).Visible = True   '显示新按钮。
    OptButton(MaxId).Caption = "颜色" & MaxId + 1
End Sub
```

'通过"删除"命令按钮的 Click 事件过程删除单选按钮。

```
Private Sub cmdDelete_Click()
    If MaxId <= 1 Then Exit Sub      '保留最初的两个按钮。
    Unload OptButton(MaxId)           '删除最后的按钮。
    MaxId = MaxId – 1                 '按钮计数递减。
    OptButton(0).SetFocus             '重置按钮选项。
End Sub
```

'通过"关闭"按钮的 Click 事件过程结束应用程序

```
Private Sub cmdClose_Click()
    Unload Me
End Sub
```

提示：QBColor 函数返回一个长整数，用来表示所对应颜色值的 RGB 颜色码。格式是 QBColor（color）。其中，Color 取值应是 0～15 任一整数，代表某种颜色。

第 5 章　Visual Basic 界面设计

5.1　菜单设计

菜单主要由上层水平菜单栏和与其关联的弹出菜单组成。

水平菜单由菜单标题和与菜单标题关联的热键组成。而子菜单则由菜单项（或叫菜单命令）、下级子菜单项（有下级子菜单的菜单选项，其右边有三角箭头标记）、分隔线（将菜单分类）、与菜单项相关联的快捷键（菜单选项右边的标注）和热键（按住 Alt 键，同时按下菜单项中标注有下画线的字母键）等构成。当用户单击水平菜单栏中的某个菜单项后，与其相关联的菜单会随之弹出，用户可单击选中其中的菜单命令。

5.1.1　项目　简单菜单设计

　　📖 项目说明

在窗体上放一个文本框，，设计一个含"菜单 1"和"菜单 2"主菜单项的菜单系统。其中菜单 1 包括"清除"、"结束"两个菜单命令；菜单 2 包括"字体"、"颜色"两个命令。为菜单项编写程序。运行界面如图 5-1 所示。

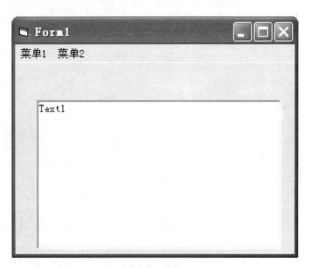

图 5-1　简单菜单设计程序运行界面

　　📖 项目分析

利用菜单编辑器设计菜单，为相应的菜单项编写程序。

第 5 章　Visual Basic 界面设计

📝 编程实现

一、设计用户界面，设置对象属性

（1）按照要求在窗体上先添加一个文本框控件，再根据要求设计菜单。
（2）控件说明见表 5–1。

表 5–1　控件说明表

对　　象	名称（Name）
文本框	text1
通用对话框	CommonDialog1

（3）菜单项属性设置见表 5–2。

表 5–2　菜单项属性表

菜　单　项	名　　称
菜单 1	菜单 1
清除	清除
退出	退出
菜单 2	菜单 2
字体	字体
颜色	颜色

二、代码编写

程序代码如下：

```
Private Sub 清除_Click()
Text1.Text = ""
End Sub

Private Sub 退出_Click()
End
End Sub

Private Sub 颜色_Click()
CommonDialog1.ShowColor
Text1.ForeColor = CommonDialog1.Color
End Sub
```

```
Private Sub 字体_Click()
CommonDialog1.Flags = &H3 Or &H1
CommonDialog1.ShowFont
Text1.FontName = CommonDialog1.FontName
Text1.FontSize = CommonDialog1.FontSize
Text1.FontBold = CommonDialog1.FontBold
Text1.FontStrikethru = CommonDialog1.FontStrikethru


End Sub
```

学习支持

菜单编辑器的使用方法

菜单附属于一个窗体,菜单的属性可以像其他控件一样在"属性"窗口和程序中进行设置,也可以使用菜单编辑器(如图 5-2 所示)来设置。调出菜单编辑器的方法如下:

方法一:单击选中窗体,再单击工具栏上的"菜单编辑器"按钮。

方法二:单击选中窗体,再执行"工具"→"菜单编辑器"命令。

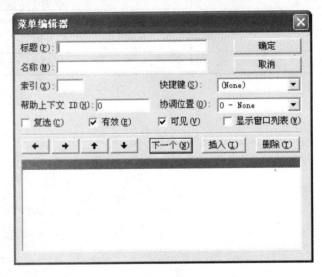

图 5-2 菜单编辑器

方法三:右击窗体,在弹出的快捷菜单中执行"菜单编辑器"命令。

菜单编辑器重要属性:

(1)"标题"(对应于 Caption 属性)文本框:用来输入菜单标题名或菜单选项名。用户在此输入的内容会自动在菜单编辑器内最下边的空白处显示出来,该区域称为菜单显示区域。

如果输入时在菜单标题的某个字母前输入一个&符号,那么该字母就成了热键字母。在菜单显示时该字母下有一条下画线。操作时,同时按 Alt 键和该带有下画线的字母键就可执行该菜单命令。如果要在菜单中显示&符号，则应在标题中连续输入两个&符号。

如果设计的菜单选项要分成若干组，则需要用分隔线进行分隔。在建立菜单时，需在"标题"文本框中输入一个连字符"–"。这样，菜单显示时会显示一条分隔线。

在"标题"文本框中输入菜单选项名时，在所输入的文本后面输入省略号"…"，表示选择该菜单项可以打开一个对话框。

（2）"名称"（对应于"名称"属性）文本框：用来为菜单标题或菜单项输入控件名称。每个菜单标题或菜单项都是一个控件，都必须输入控件名。控件名称用于程序中，并不显示在程序运行时的菜单中。

（3）"索引"（对应于 Index 属性）文本框：可以输入一个数字来确定菜单标题或菜单选项在菜单控件数组中的位置或次序，该位置与菜单的屏幕位置无关。可以不输入任何内容。

（4）"快捷键"（对应于 Shortcut 属性）列表框：单击列表框右侧的下拉箭头，可以在弹出的下拉列表中为菜单项选定快捷键。选择"None"选项时，表示没有快捷键。菜单栏中的菜单标题不可以有快捷键。Shortcut 属性不可以在程序中进行设置。

（5）"帮助上下文 ID"（对应于 HelpComextID 属性）文本框：用来输入一个数字，为一个对象返回或设置一个相关联上下文的编号。它被用来为应用程序提供上下文有关的帮助，在 HelpFile 属性指定的帮助文件中查找相应的帮助主题。

（6）"协调位置"（对应于 NegotiatePosition 属性）列表框：单击列表框右侧的下拉箭头，可以选择是否显示菜单和如何显示菜单。只有菜单标题的 NegotiatePosition 属性才能取非零值。该属性也不可以在程序中进行设置。"协调位置"下拉列表框中共有 4 个选项，作用如下：

0–None：菜单项不显示　　　　　1–Left：菜单项左显示
2–Middle：菜单项中显示　　　　 3–Right：菜单项右显示

（7）"复选"（对应于 Checked 属性）复选框：用来设置菜单是否带有复选标记。选中该复选框后，相应的菜单项的左边将带有复选标记，即该菜单项所代表的功能为打开状态。菜单标题的"复选"复选框不能设置为有效。

（8）"有效"（对应于 Enabled 属性）复选框：用来设置菜单项是否有效。无效时呈灰色。

（9）"可见"（对应于 Visible 属性）复选框：用来设置菜单是否显示在屏幕上。

（10）"显示窗口列表"（Windowlist）复选框：用来设置在多文档应用程序的菜单中是否包含一个已打开的各个文档的列表。菜单中将显示一个已打开的各个文档的列表，每个文档对应一个窗口，带有对钩标记的文档为当前文档。对于某一特定窗体，只能有一个菜单的"显示窗口列表"复选框被选中。

（11）"菜单显示区域"列表框：位于"菜单编辑器"对话框的最下边，用于显示各菜单标题和菜单选项的分级列表。菜单标题和菜单选项的缩进指明各菜单标题和菜单选项的分级位置或等级。

（12）"左箭头"按钮：单击该按钮可将菜单列表中选定的菜单标题或菜单选项向左移一个子菜单等级，即成为上一级菜单。

（13）"右箭头"按钮：单击该按钮可将菜单列表中选定的菜单标题或菜单选项向右移一个子菜单等级，即成为下一级菜单。

（14）"上箭头"按钮：单击该按钮可将菜单列表中选定的菜单标题或菜单选项在同级菜单内向上移动一个显示位置。

（15）"下箭头"按钮：单击该按钮可将菜单列表中选定的菜单标题或菜单选项在同级菜单内向下移动一个显示位置。

（16）"下一个"按钮：单击该按钮可将菜单列表中选定的标记下移一行，即选定下一个菜单标题或菜单选项，以便进行设定。单击某个菜单标题或菜单选项，也可直接选中它们。

（17）"插入"按钮：单击该按钮，可在菜单列表中的当前选定行上方插入一行。

（18）"删除"按钮：单击该按钮，可删除菜单列表中当前选定的一行。

单击"确定"按钮后即可完成菜单的设计，退出"菜单编辑器"对话框，回到程序设计状态。此时单击一个菜单标题可以打开其下一级菜单。单击一个菜单命令，即可打开菜单单击事件的代码窗口，而不是执行菜单单击事件所对应的代码。

📖 知识巩固

例：建立一个应用程序菜单，能够改变 Text1 中文字的字形，包括粗体、斜体、下划线、删除线，并能够设置对齐方式，包括两端对齐、居中、右对齐，运行界面如图 5-3 所示。

操作步骤：

（1）创建菜单。在菜单编辑器中输入各菜单的标题及名称，见表 5-3。

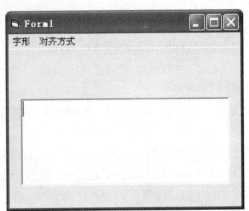

图 5-3　运行界面

表 5-3　菜单项的属性设置

标　　题	名　　称
字形	zx
粗体	ct
斜体	xt
下划线	xhx
删除线	scx
对齐方式	dqfs
两端对齐	lddq
居中	jz
右对齐	ydq

（2）添加一个 Text 控件，将其 MultiLine 属性设为 True，将其 Font 属性中的大小设为"小三"。

"粗体"子菜单单击事件过程代码如下：

Private Sub ct_Click()

　　If ct.Checked = False Then

　　　　Text1.FontBold = True

　　　　ct.Checked = True

```
    Else
        ct.Checked = False
        Text1.FontBold = False
    End If
End Sub
```

"删除线"子菜单单击事件过程代码如下:
```
Private Sub scx_Click()
If scx.Checked = False Then
    Text1.FontStrikethru = True
    scx.Checked = True
Else
    scx.Checked = False
    Text1.FontUnderline = False
End If
End Sub
```
"下划线"子菜单单击事件过程代码如下:
```
Private Sub xhx_Click()
If xhx.Checked = False Then
    Text1.FontUnderline = True
    xhx.Checked = True
Else
    xhx.Checked = False
    Text1.FontUnderline = False
End If
End Sub
```
"斜体"子菜单单击事件过程代码如下:
```
Private Sub xt_Click()
If xt.Checked = False Then
    Text1.FontItalic = True
    xt.Checked = True
Else
    xt.Checked = False
    Text1.FontItalic = False
End If
End Sub
```
"右对齐"子菜单单击事件过程代码如下:
```
Private Sub ydq_Click()
Text1.Alignment = 1
```

End Sub
"居中"子菜单单击事件过程代码如下：
Private Sub jz_Click()
Text1.Alignment = 2
End Sub
"两端对齐"子菜单单击事件过程代码如下：
Private Sub lddq_Click()
Text1.Alignment = 0
End Sub

5.1.2 项目　快捷菜单、动态菜单设计

✐ 项目说明

建立一个有菜单功能的计算器，可以实现加、减、乘、除以及清除功能，运行界面如图 5-4 所示。在程序的运行中，用鼠标单击窗体可以动态的在"计算二"菜单标题中添加两个菜单项"平方和"和"立方和"；用鼠标双击窗体后"平方和"和"立方和"两个菜单项消失；在窗体上右击，可以弹出快捷菜单。

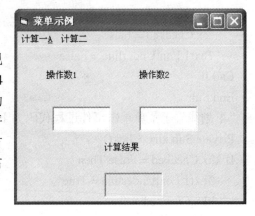

图 5-4　运行界面

✐ 项目分析

设计动态菜单和快捷菜单，为每个相应菜单项编写程序。

✐ 编程实现

一、设置用户界面，设置对象属性

各控件属性设置见表 5-4

表 5-4　各控件的属性设置

对象	名称（Name）	标题（Caption）	BorderStyle	说明
标签 1	lblInput1	操作数 1		
标签 2	lblInput2	操作数 2		
标签 3	lblResult	计算结果		
标签 4	lblDisplayResult		1-Fixed Single	
文本框 1	txtNo1			用来输入操作数 1
文本框 2	txtNo2			用来输入操作数 2

菜单项属性设置见表 5–5。

表 5–5 菜单项属性设置

菜 单 项	名 称	快 捷 键	热 键
计算一	Cal1		Alt+A
加法	Add	Ctrl+A	
减法	Sub	Ctrl+B	
计算二	Cal2		
乘法		Ctrl+C	
除法		Ctrl+D	
–	fenge		
清除	Clean	Ctrl+E	

二、代码编写

程序代码如下：

```
    Dim imenucount As Integer
Private Sub Add_Click()
    X = Val(txtNo1.Text) + Val(txtNo2.Text)
    lblDisplayResult.Caption = Str$(X)
End Sub

Private Sub Clean_Click()
    txtNo1.Text = ""
    txtNo2.Text = ""
    lblDisplayResult.Caption = ""
    txtNo1.SetFocus
End Sub

Private Sub Div_Click()
    X = Val(txtNo1.Text) / Val(txtNo2.Text)
    lblDisplayResult.Caption = Str$(X)
End Sub

Private Sub Form_DblClick()
    Dim i As Integer
    Do While imenucount > 0
        Unload Namearray(imenucount)
        imenucount = imenucount – 1
```

```
        Loop
End Sub

Private Sub Form_click()
    If imenucount = 0 Then
        imenucount = imenucount + 1
        Load Namearray(imenucount)
        Namearray(imenucount).Caption = "平方和"
        Namearray(imenucount).Visible = True
        imenucount = imenucount + 1
        Load Namearray(imenucount)
        Namearray(imenucount).Caption = "立方和"
        Namearray(imenucount).Visible = True
    End If
End Sub

Private Sub Form_MouseDown(Button As Integer, Shift As Integer, X As Single, Y As Single)
    If Button = 2 Then
        PopupMenu Cal2, 2
    End If
End Sub

Private Sub Mul_Click()
    X = Val(txtNo1.Text) * Val(txtNo2.Text)
    lblDisplayResult.Caption = Str$(X)
End Sub

Private Sub Namearray_Click(Index As Integer)
    X = Val(txtNo1.Text) ^ (Index + 1) + Val(txtNo2.Text) ^ (Index + 1)
    lblDisplayResult.Caption = Str$(X)
End Sub

Private Sub Sub_Click()
    X = Val(txtNo1.Text) – Val(txtNo2.Text)
    lblDisplayResult.Caption = Str$(X)
End Sub
```

学习支持

建立菜单控件数组和动态改变菜单

在程序运行时，菜单项会随时增减，如"文件"菜单能保留最近打开的文件。同控件数组一样，可以通过使用菜单数组来实现。

1. 菜单控件数组

（1）菜单控件数组的特点：菜单实质上是一个控件，所以也可以组成控件数组。菜单控件数组由一系列的菜单控件组成。各个菜单控件必须属于同一个菜单，它们的"名称"属性必须相同，都是该菜单控件数组的数组名。这些菜单控件的 Index（索引）属性值必须设置，而且互不相同，Index 属性值确定了该菜单控件在菜单控件数组中的位置。各控件的其他属性可以互不相同。它们共同使用相同的事件过程。因此，使用菜单控件数组可以简化程序。

（2）创建菜单控件数组的方法：在使用"菜单编辑器"对话框创建各菜单选项时，使同是一个菜单控件数组中的各个菜单选项（同一缩进级上的菜单控件）具有相同的名称，即"名称"文本框中的菜单名称一样。

在同一缩进级上的各菜单选项的"索引"文本框中，输入不同的数字，即给菜单选项的 Index 属性赋予不同的数值（可以从 0 开始）。后续的各菜单选项的"索引"文本框取值一般应依次递增。菜单控件数组的各菜单选项（即数组元素）在菜单控件的菜单显示区域中必须处在同一缩进级上。菜单控件数组的各元素的"名称"文本框的内容必须完全相同。创建菜单控件数组时，要把相应的分隔线也定义为菜单控件数组的元素。

（3）菜单事件：菜单只能响应鼠标单击（Click）事件。当菜单控件数组的某个菜单控件响应 Click 事件时，Visual Basic 会将该菜单控件的 Index 属性值作为一个附加的参数传递给事件过程。事件过程必须包含有判定 Index 属性值的程序，以便能够判断选中的是哪个菜单控件。

2. 动态改变菜单

（1）动态设置菜单控件有效或无效：每个菜单控件都具有 Enabled 属性。设置菜单控件的 Enabled 属性值为 True，则表示菜单控件有效；设置菜单控件的 Enabled 属性值为 False，则表示菜单控件无效。在设计时，通过"菜单编辑器"对话框中的"有效"复选框可以设置菜单 Enabled 属性的初值。

（2）动态设置菜单控件可见或不可见：每个菜单控件都具有 Visible 属性。设置菜单控件的 Visible 属性值为 True，则表示菜单控件可见；设置菜单控件的 Visible 属性值为 False，则表示菜单控件不可见。在设计时，通过"菜单编辑器"对话框中的"可见"复选框可以设置菜单 Visible 属性的初值。

（3）动态添加或删除菜单控件：如果要在程序运行时动态地创建一个新的菜单选项（即菜单控件），应注意以下几点。

① 必须保证所建立的新菜单控件是菜单控件数组中的一个元素。

② 在程序中，使用"Load 菜单控件数组名称（Index）"语句，在菜单控件数组中创建一个新的菜单控件元素。每次创建一个新的菜单控件时，菜单控件的 Index 取值都要依次

递增。

③ 在程序中,将新创建的菜单控件元素的 Caption 属性值赋值为新菜单选项的名称。

④ 在程序中,将新创建的菜单控件的 Visible 属性值设置为 True,使它在菜单中显示出来。也可以使用 Show 方法将新创建的菜单控件在菜单中显示出来。

⑤ 在程序中,使用 Hide 方法,或者将菜单控件的 Visible 属性值设置为 False 可以隐藏动态创建的菜单控件。如果要从内存中删除一个菜单控件数组中的菜单控件,可以使用"Unload 菜单控件名称(Index)"语句。但是不可以删除设计时创建的菜单控件。

(4) 动态设置菜单控件的复选标志:在程序运行时,可以通过选取菜单选项,使其左边带有复选标记。这可以通过动态设置菜单控件的 Checked 属性值来实现。Checked 属性值为 True 时,该菜单选项左边会自动显示一个复选标记(对钩);Checked 属性值为 False 时,该菜单选项左边将自动取消复选标记。

简单地说,建立菜单数组,动态地增减菜单项的步骤如下。

(1) 在菜单设计时,加入一个菜单项,其 Index 为 0(菜单数组),Visual 为 False。

(2) 在程序运行时,通过 Load 方法向菜单数组增加新的菜单项。

格式如下:load 菜单名称(下标值)

同样,要删除所建立的菜单项,使用 Unload 方法向菜单数组删除菜单项。

格式如下:unload 菜单名称(下标值)

弹出菜单(快捷菜单)

1. 设计弹出式菜单的方法

弹出式菜单是显示在窗体上的快捷菜单,其显示位置不受菜单栏的约束,可以自由定义。在 Windows 和大部分 Windows 的应用程序中,可以通过单击鼠标右键来调出这种快捷菜单,也叫弹出式菜单。弹出式菜单中所显示的菜单命令由单击鼠标右键时鼠标指针所处的位置来决定,这些菜单命令的功能都是与该位置有关的。

要设计弹出式菜单,可以先利用菜单编辑器设计一个普通的菜单,然后在程序中,使用 PopupMenu 方法。如果要使弹出式菜单不在菜单栏中出现,应该将"菜单编辑器"对话框的"可见"复选框取消,即菜单的 Visible 属性设置为 False。

2. PopupMenu 方法的语法格式及功能

格式:[对象].PopupMenu 菜单名字[, flags][, x][, Y][, boldcommand]

功能:在 MDI 窗体或窗体对象上的当前鼠标的位置,或指定的坐标位置显示弹出式菜单。

说明:

(1) 菜单名字就是弹出式菜单的名称,是主菜单名称而不是菜单项名称。

(2) X、Y 参数:给出了弹出式菜单相对于窗体的横坐标和纵坐标。如果省略它们,则弹出式菜单显示在鼠标指针当前所在的位置。

(3) flags 参数:在 PopupMenu 方法中,通过 flags 参数可以详细地定义弹出式菜单的显示位置与显示条件。该参数由位置常数和行为常数组成,位置常数指出弹出式菜单的显示位置,行为常数指出弹出式菜单的显示条件。flags 参数的位置常数的取值及含义见表 5-6,flags 参数的行为常数的取值及含义见表 5-7。

表 5–6　flags 参数的位置常数的取值及含义表

值	常　量	含　义
0	vbPopupMenuLeftAlign	设置 x 所定义的位置为该弹出式菜单的左边界，默认值
4	VbPopupMenuCenterAlign	设置 x 所定义的位置为该弹出式菜单的中心
8	VbPopupMenuRightAlign	设置 x 所定义的位置为该弹出式菜单的右边界

表 5–7　flags 参数的行为常数的取值及含义表

值	常　量	含　义
0	vbPopupMenuLeftButton	设置只有单击鼠标左键时才显示弹出式菜单
2	VbPopupMenuRightButton	设置单击鼠标左键或右键都可以显示弹出式菜单

（4）可以通过 MouseUp 或者 MouseDown 事件来检测何时单击了鼠标右键。

例：

当用户按下右键时，弹出名称为 EditMenu 的菜单，菜单水平方向的中心是用户按下右键的位置。Button = 2 表示用户按下的是鼠标右键。

程序代码如下：

Sub Form_MouseDown(Button As Integer, Shift As Integer, X As Single, Y As Single)
If Button = 2 Then　PopupMenu EditMenu, vbPopupMenuCenterAlign
End Sub

知识巩固

例　弹出菜单（快捷菜单）应用示例

在 Form1 上放置一个文本框，在窗体中建立可通过鼠标右键弹出的菜单（快捷菜单）。该弹出菜单中含有"复制"、"剪切"、"粘贴"、"结束" 4 个命令，并完成相应的功能。程序运行界面如图 5–5 所示。

操作步骤如下。

（1）创建菜单。在菜单编辑器中输入各菜单的标题及名称见表 5–8。

（2）添加一个 Text 控件。

程序代码如下：

Private Sub Form_MouseDown(Button As Integer, Shift As Integer, X As Single, Y As Single)

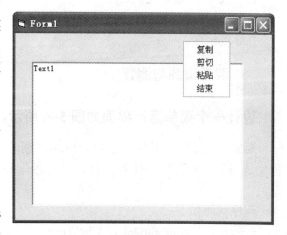

图 5–5　运行界面

表 5-8 菜单项的属性设置

标　题	名　称	说　明
菜单	菜单	可见属性为 false
复制	复制	
剪切	剪切	
粘贴	粘贴	
结束	结束	

```
If Button = vbRightButton Then PopupMenu 菜单, 2
End Sub


Private Sub 复制_Click()
Clipboard.SetText Text1.SelText
End Sub

Private Sub 剪切_Click()
Clipboard.SetText Text1.SelText
Text1.SelText = ""
End Sub

Private Sub 结束_Click()
End
End Sub

Private Sub 粘贴_Click()
Text1.SelText = Clipboard.GetText
End Sub
```

课堂训练与测评

设计一个菜单运行界面如图 5-6 所示，并编写相应事件过程。

要求："编辑"下拉菜单中可以实现删除和全选功能。"格式"下拉菜单中包含"颜色"选项。"颜色"下级菜单包含"红色"和"蓝色"选项，可以用来设置文本框的背景色。

程序代码如下：

```
Private Sub mnuEditDelete_Click()
If Text1.SelLength > 0 Then
```

```
Clipboard.SetText Text1.SelText
Text1.SelText = ""
'mnuEditPaste.Enabled = True
End If
End Sub


Private Sub mnuEditCopy_Click()
If Text1.SelLength > 0 Then
Clipboard.SetText Text1.SelText
mnuEditPaste.Enabled = True
End If
End Sub
```

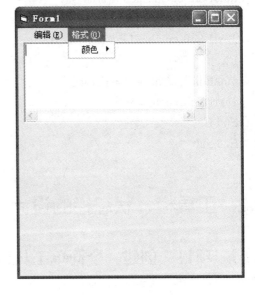

图 5-6 运行界面

```
Private Sub Form_Load()
Clipboard.Clear
mnuEditDelete.Enabled = False
End Sub
Private Sub mnuFormatColorRed_Click()
On Error GoTo Err
Text1.BackColor = vbRed
Err:
End Sub
Private Sub mnuFormatColorBlue_Click()
On Error GoTo Err
Text1.BackColor = vbBlue
Err:
End Sub

Private Sub mnuEdit_Click()
If Text1.SelLength > 0 Then
mnuEditDelete.Enabled = True
Else
mnuEditDelete.Enabled = False
End If
End Sub
Private Sub mnuEditSel_Click()
If mnuEditSel.Checked = False Then
```

```
mnuEditSel.Checked = True
Text1.SelStart = 0
Text1.SelLength = Len(Text1.Text)
Else
mnuEditSel.Checked = False
Text1.SelLength = 0
End If
End Sub
```

5.2 工具栏、状态栏的设计

5.2.1 项目　创建一个简单工具栏

◎ 项目说明

创建一个简单工具栏，包括 3 个按钮："复制"、"剪切"、"粘贴"按钮。编辑菜单中的 3 个菜单项也分别是"复制"、"剪切"、"粘贴"选项，程序界面如图 5-7 所示。

◎ 项目分析

创建工具栏和菜单栏，为相应的项目编写程序。

◎ 编程实现

一、设计用户界面，设置对象属性

菜单栏的创建，此处不再重复。下面详述介绍工具栏的建立步骤。

（1）将 ImageList 控件和 Toolbar 控件添加到工具箱中，然后添加到窗体上。

① 执行"工程"→"部件"命令，弹出"部件"对话框，如图 5-8 所示。选中"Microsoft Windows Common Controls 6.0"，按"确定"按钮，将工具栏控件、图像列表控件及其他共 9 个控件添加到标准工具箱中。

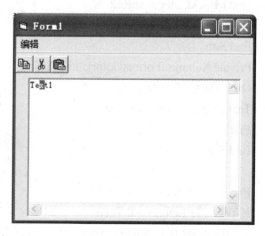

图 5-7　运行界面

② 在工具箱中选中图像列表控件（ImageList），在窗体任意位置放置一个 ImageList 控件，名称默认为 ImageList1。图像列表控件（ImageList）在程序运行时不可见。

③ 在工具箱中选中工具栏控件（ToolBar），在窗体上添加一个 Toolbar 控件。该控件自动位于菜单栏的下面，其名称默认为 Toolbar1。

第 5 章　Visual Basic 界面设计

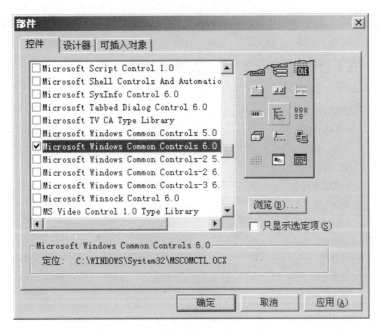

图 5-8　"部件"窗体

（2）为窗体上的 ImageList 控件添加所需的图像。右击窗体上的 ImageList 控件，选择"属性"命令，打开"属性页"对话框，选择"图像"选项卡，如图 5-9 所示。在该选项卡中通过"插入图片"按钮添加所需图片。

图 5-9　属性页"图像"选项卡窗体

（3）建立 ToolBar 控件与 ImageList 控件之间的关联。

① 右击窗体上的 Toolbar 控件，选择"属性"命令，打开"属性页"对话框，选择"通用"选项卡，如图 5-10 所示。在"图像列表"下拉列表框中选择 ImageList1 选项。

② 选择"按钮"选项卡，如图 5-11 所示。单击"插入按钮"按钮后，插入工具栏中的第一个按钮。此时"索引"标签右侧的文本框中数字自动变为 1。在"关键字"文本框中，输入对工具按钮定义的关键字，如 copy，即按钮名称。选择按钮样式。最后，在"图像"标

签右侧的文本框中输入图像索引值，如1，或者输入图像的关键字。依此类推插入其他按钮。最后单击"确定"按钮。

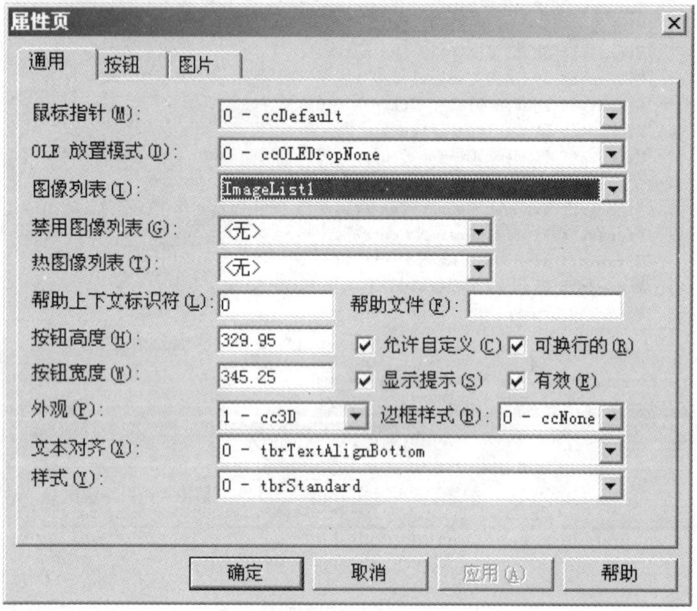

图 5-10 属性页"通用"选项卡窗体

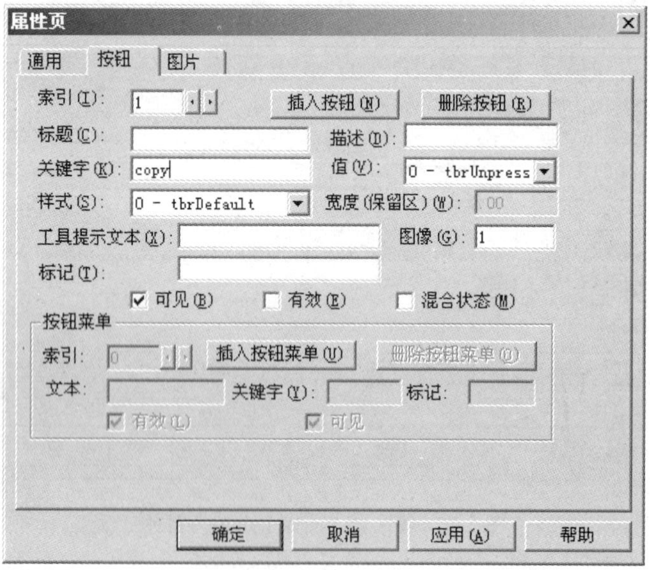

图 5-11 属性页"按钮"选项卡窗体

二、代码编写

响应 ToolBar 控件事件

（1）单击工具栏上的某个按钮，将引发 ButtonClick 事件。在代码窗口中显示如下代码：

```
Private Sub Toolbar1_ButtonClick(ByVal Button As MSComctlLib.Button)
    ……
End Sub
```

（2）根据按钮的关键字（Button.Key）或者按钮的索引值（Button.Index）可判断单击的是哪个按钮，然后通过 Select Case 语句进行相应的处理。

程序代码如下：

```
Dim st As String
Private Sub EditCopy_Click()
    st = Text1.SelText              '将选中的内容存放到 st 变量中
    EditCopy.Enabled = False        '进行复制后，"剪切"和"复制"按钮无效
    EditCut.Enabled = False
    EditPaste.Enabled = True        '"粘贴"按钮有效
End Sub

Private Sub EditCut_Click()
    st = Text1.SelText              '将选中的内容存放到 st 变量中
    Text1.SelText = ""              '清除选中的内容，实现了剪切
    EditCopy.Enabled = False
    EditCut.Enabled = False
    EditPaste.Enabled = True
    Toolbar1.Buttons(3).Enabled = True
End Sub

Private Sub EditPaste_Click()
    Text1.SelText = st              '将选中的内容存放到 st 变量中
End Sub

Private Sub Text1_MouseMove(Button As Integer, Shift As Integer, X As Single, Y As Single)
    If Text1.SelText <> "" Then
        EditCut.Enabled = True      ' 当拖动鼠标选中要操作的文本后，"剪切"和"复制"按钮有效
        EditCopy.Enabled = True
        EditPaste.Enabled = False
        Toolbar1.Buttons(2).Enabled = True
        Toolbar1.Buttons(1).Enabled = True
    Else
        EditCut.Enabled = False     ' 当拖动鼠标未选中文本，"剪切"和"复制"按钮无效
        EditCopy.Enabled = False
```

```
            EditPaste.Enabled = True
            Toolbar1.Buttons(2).Enabled = False
            Toolbar1.Buttons(1).Enabled = False
            Toolbar1.Buttons(3).Enabled = True
        End If
End Sub

Private Sub Toolbar1_ButtonClick(ByVal Button As MSComctlLib.Button)
    Select Case Button.Index
        Case 1
            EditCopy_Click
        Case 2
            EditCut_Click
        Case 3
            EditPaste_Click
    End Select
End Sub
```

学习支持

工具栏的设计

工具栏由许多工具按钮组成，提供了对应用程序中常用菜单命令的快速访问方式。

1. 创建工具栏

1）在工具箱中加入工具栏控件

工具栏（ToolBar）控件不属于标准控件。要使用工具栏控件可采用如下方法。

（1）执行"工程"→"部件"命令，弹出"部件"对话框。在"部件"对话框的"控件"选项卡中选中"Microsofc windows Common Controls 6.0"复选框，然后单击"确定"按钮，工具栏控件和另外一些控件将被加入工具箱中。

（2）在工具箱中右击，弹出其快捷菜单。单击"部件"命令，弹出"部件"对话框。

（3）在"新建工程"对话框中，选择"Visual Basic 企业版控件"项目类型，再单击该对话框中的"打开"按钮，则会出现中文 Visual Basic 6.0 企业版的工作环境窗口。该工作环境中的工具箱中就有工具栏控件。

2）使用工具栏控件制作工具栏

（1）在窗体中加入工具栏控件。双击工具箱中的工具栏控件，工具栏会自动加入窗体并放置在窗体的顶部。如果要把工具栏放置在其他位置，可在属性窗口中改变工具栏的 Align 属性。Align 属性的功能是返回或设置一个值，确定对象是否可在窗体任意位置上，以任意大小显示，或者是显示在窗体的顶端、底端、左边或右边，而且自动改变大小以适合窗体的宽度。该属性可在设计时或在程序中使用。

（2）调出"属性页"（按钮）对话框。在窗体的工具栏上右击，在弹出的快捷菜单中单击"属性"命令，弹出"属性页"对话框。利用该对话框可以对工具栏的一些属性进行设置。选择"按钮"选项卡，单击"插入按钮"按钮，此时的"属性页"对话框如图5-12所示。

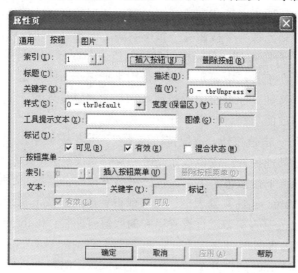

图5-12 "按钮"选项卡

（3）在工具栏中加入工具按钮。在工具栏属性页"按钮"选项卡中，有"插入按钮"和"删除按钮"两个按钮，分别用于在工具栏中添加和删除按钮。工具栏控件的所有按钮构成一个按钮集合，名称为 Buttons。在工具栏中添加和删除按钮实际上是对工具栏控件的 Buttons 集合进行添加和删除元素的操作。通过 Buttons 集合可以访问工具栏中的各个按钮。

3）工具栏"属性页"对话框的使用

（1）"索引"（对应 Index 属性）文本框：取值为整型，是 Buttons 按钮集合的下标值，相当于按钮的序号。单击文本框右边的箭头按钮，可依次选择按钮集合中的按钮。

（2）"关键字"（对应 Key 属性）文本框：取值为字符型，类似于对象的名字。该属性是可选选项，其值可以为空。在程序中设置 Key 属性时，其字符串值必须用双引号括起来。Index 属性和 Key 属性是与工具栏中的按钮一一对应的标识，用于通过集合 Buttons 来访问工具栏中的按钮。

（3）"标题"（对应 Caption 属性）文本框：用来设置或返回按钮的标题。

（4）"工具提示文本"（对应 ToolTipText 属性)文本框：返回或设置按钮提示信息。在该文本框中输入提示信息。程序运行中，将鼠标指针移到按钮之上时，会显示该文本框中的文字信息。

（5）"描述"（对应 Description 属性）文本框：返回或设置按钮的描述信息，其取值为字符型。如果按钮设置了该属性，在程序运行时，双击工具栏，可以调出"自定义工具栏"对话框。该对话框会显示出所有按钮的描述内容，可以调整按钮的相对位置，还可以重新设置按钮和删除按钮，以及加入分隔符等。

（6）"样式"（对应 Style 属性）列表框：用来设置按钮的样式。其取值为整型，共有以下6种选择。

① 0-tbrDefault：一般按钮。如果按钮所代表的功能不依赖于其他功能，可选择该样式。

② 1-tbrCheck：开关按钮。当按钮具有开关类型时，可使用该样式。

③ 2-thrButtonGroup：编组按钮。通过该按钮可以将按钮进行分组，属于同一组的编组按钮相邻排列。当一组按钮的功能相互排斥时，可以使用该样式。编组按钮同时也是开关按钮，即同一组的按钮中只允许一个按钮处于按下状态，但所有按钮可以同时处于抬起状态。

④ 3-tbrSeparator：分隔按钮。分隔按钮只是创建一个宽度为 8 个像素的按钮，此外没有任何功能。分隔按钮不在工具栏中显示，而只是用来把它左右的按钮分隔开来，或者用来封闭 ButtonGroup 样式的按钮。工具栏中的按钮本来是无间隔排列的，使用分隔按钮可以让同类或同组的按钮并列排放而与邻近的组分开。

⑤ 4-tbrPlaceholder：占位按钮。占位按钮也不在工具栏中显示。占位按钮在工具栏中占据一定位置，以便显示其他控件。占位按钮是唯一支持宽度（Width）属性的按钮。

⑥ 5-tbrDropdown：下拉按钮。单击该按钮可以下拉一个菜单。

（7）"值"（对应 Value 属性）列表框：返回或设置按钮的按下和抬起状态。该属性一般用来对开关按钮和编组按钮的初态进行设置。它的取值有两种：0-tbrpressed 表示按下状态；1-tbrumpressed 表示抬起状态。

（8）"宽度"（对应 Width 属性）文本框：设置占位按钮的宽度。其取值为数值类型。

（9）"图像"（对应 Image 属性）文本框：加载按钮上的图像。

4）为工具按钮加载图像

在工具栏中加入按钮后，就可以为每个按钮加载图像了。因为工具栏按钮没有 Picture 属性，所以只能借助于图像列表（ImageList）控件来给工具栏按钮加载图像。图像列表控件（ImageList）也不属于标准控件。首先要把图像列表控件添加到标准工具箱中，然后才能使用。图像列表控件的添加方法和工具栏控件的添加方法相同。为工具栏按钮加载图像的步骤如下。

（1）双击工具箱中的图像列表（ImageList）控件，图像列表控件将被自动加入窗体中。

（2）在 ImageList 控件对象中加入图像。将鼠标指针移到图像列表控件对象之上，右击，在弹出的快捷菜单中单击"属性"命令，打开图像列表控件的 "属性页"对话框。单击该对话框中的"图像"选项卡，此时的"属性页"对话框如图 5-13 所示。

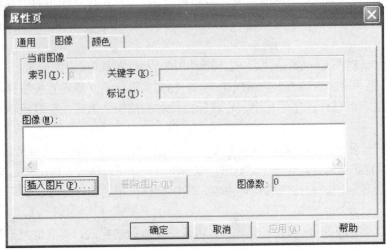

图 5-13 "图像"选项卡

在该对话框中，可以为图像列表控件（ImageList）图像库加入图像，还可以为每个图像设置关键字属性。单击"插入图片"按钮，打开"选择图片"对话框，利用该对话框可选定一个或多个图像文件。

单击"打开"按钮后即可将选定的图像加载到图像列表控件的图像库中。单击选中"属性页"对话框中加载的图像，再单击"删除图片"按钮，即可将选中的图像从图像列表控件图像库中删除。注意：要在"索引"文本框中给每个图像输入一个索引号。

图像列表控件（ImageList）允许插入位图文件、GIF 和 JPEG 图像文件，以及图标文件。

（3）建立工具栏和图像列表控件的关联。首先打开工具栏的"属性页"对话框，然后选择"通用"选项卡，单击选中"图像列表"下拉式列表框中的一个图像列表控件（ImageList），再单击"确定"按钮，工具栏就与该图像列表控件建立了关联，如图 5-14 所示。

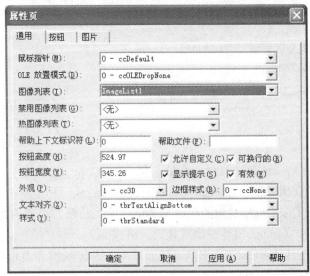

图 5-14 "通用"选项卡

（4）从图像列表控件（ImageList）的图像库中选择"图像载入"工具栏按钮。当工具栏与图像列表控件建立了关联后，就可以在工具栏的"属性页"（按钮）对话框中选择"按钮"选项卡，在"图像"文本框中输入图像列表控件（ImageList）图像库里某个图片的索引值，即可将相应的图片载入该按钮。

2．工具栏的常用属性

（1）ImageList 属性：用来设置与工具栏相关联的图像列表控件（ImageList）对象。要使用该属性，必须先将 ImageList 控件放在窗体上。并通过工具栏控件的"属性页"对话框来设置 ImageList 属性。

（2）AllowCustomize 属性：用来设置是否允许在程序运行时对 Toolbar 的内容进行裁剪。其取值为布尔型，默认值为 True，表示允许对工具栏的内容进行裁剪。

（3）ShowTips 属性：决定程序运行过程中，当鼠标指针移到工具栏按钮上时，是否显示该按钮的提示信息（提示内容在 ToolTipText 属性中设置）。其取值为布尔型，默认设置为 True，表示当鼠标指针移到工具栏按钮上时，显示相应的提示信息。

3. 响应工具栏按钮的事件

工具栏设计完毕，要对工具栏控件编写代码以完成相应的功能。ToolBar 控件常用的事件是 ButtonClick 事件。实际上，工具栏上的按钮都是控件数组。在事件代码中，可以利用数组的索引（Index 属性）或关键字（Key 属性）来识别单击了哪一个按钮，再使用 Select Case 语句完成代码编制。

方法 1：使用关键字（Key 属性）编写代码。程序代码格式如下：

```
Private Sub Toolbar1_ButtonClick(ByVal Button As MSComctlLib.Button)
    Select Case Button.Key
    Case  "copy"
        EditCopy_Click
    Case  "cut"
        EditCut_Click
    Case  "Paste"
        EditPaste_Click
    ……
    End Select
End Sub
```

说明：copy、cut、paste 是工具栏按钮的名称。EditCopy_Click 是指对应的代码和菜单中的"复制"菜单项的代码相同。EditCut_Click 是指对应的代码和菜单中的"剪切"菜单项的代码相同。EditPaste_Click 是指对应的代码和菜单中的"粘贴"菜单项的代码相同。

方法 2：使用索引（Index 属性）编写代码，格式如下：

```
Private Sub Toolbar1_ButtonClick(ByVal Button As MSComctlLib.Button)
    Select Case Button.Index
    Case 1
        EditCopy_Click
    Case 2
        EditCut_Click
    Case 3
        EditPaste_Click
    ……
    End Select
End Sub
```

✍ 知识巩固

例 设计一个如图 5-15 所示，能改变 4 种不同背景色的工具栏。

程序代码如下：

```
Private Sub Toolbar1_ButtonClick(ByVal Button As MSComctlLib.Button)
```

第 5 章 Visual Basic 界面设计

```
Select Case Button.Key
    Case "red"
        Text1.BackColor = vbRed
    Case "green"
        Text1.BackColor = vbGreen
    Case "blue"
        Text1.BackColor = vbBlue
    Case "white"
        Text1.BackColor = vbWhite
End Select
End Sub
```

图 5–15　运行界面

5.2.2　项目　创建一个状态栏

项目说明

创建一个如图 5–16 所示的状态栏。

图 5–16　状态栏界面

项目分析

属性值设置见表 5–9。

表 5–9　属性设置表

索引	样式	文本	图片	说　　明
1	SbrText	字节总数		显示固定文本
2	SbrText			运行时获得当前光标位置的值
3	SbrTime		Time.bmp	显示当前时间和时钟图像
4	SbrCaps			显示大小写控制键的状态
5	SbrIns			显示插入控制键的状态

学习支持

状态栏的设计

与工具栏控件相同，状态栏控件（StatusBar）也是 Windows 公共控件之一。状态栏控件通常位于窗口底部,用来显示程序的运行状态和帮助信息。状态栏可分为多个窗格(Panel)来显示不同类型的信息,包括文本内容、图像、系统日期时间和键盘状态等。

(1)将状态栏控件添加到标准工具箱中,然后放置到窗体上。

① 执行"工程"→"部件"命令,选中"Microsoft Windows Common Controls 6.0",单击"确定"按钮。

② 在工具箱中找到状态栏控件(StatusBar)后选中,在窗体上添加Statusbar控件。该控件自动放置于窗体的底部,默认名称为StatusBar1。

(2)在窗体上选中状态栏控件(StatusBar),单击右键选择"属性"命令,打开"属性页"对话框。在该对话框中可以对状态栏控件(StatusBar)进行属性设置。

① 状态栏的整体设置。

通过属性窗体和"属性页"对话框的"通用"选项卡(如图5-17),可以对状态栏进行整体设置。Style属性(样式)决定状态栏的样式。0(sbriNormal)为普通状态,表示可以有多个窗格;1(sbrSimpleText)为简单文本状态,表示只有一个窗格且只能显示文本。SimpleText属性(简单文本)决定当Style为1时显示的文本内容。ShowTips属性(显示提示)决定当鼠标指针停留在窗格上时是否显示工具提示。

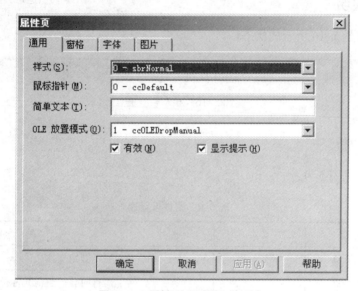

图5-17 属性页"通用"选项卡

② 窗格的设置。

设计时状态栏窗格的设置是通过属性页上的"窗格"选项卡(如图5-18)完成的。使用"插入窗格"和"删除窗格"按钮可以在当前索引处插入新窗格或删除当前窗格。窗格数目不能超过16个。使用"索引"文本框后面的微调按钮可以切换不同的窗格来设置每个窗格的属性,包括文本、图像、样式和大小等。

状态栏上的每个窗格是一个Panel类型的对象,同一个状态栏上所有的窗格对象构成一个Panels集合。通过状态栏控件的Panels属性可以访问此集合,从而可以在运行时控制各窗格的行为。

图 5-18 属性页"窗格"选项卡

③ Panels 集合的方法和属性。

使用 Panels 集合的 Add、Remove 和 Clear 方法可以添加、删除或清除状态栏窗格。它们的语法分别是：

Panels．Add([索引]，　[关键字]，　[文本]，　(样式)，　[图片])As Panel

Panels．Remove 索引或关键字

panels．Clear

Add 方法各参数的意义与下面讲述的 Panel 对象属性相对应。因为状态栏对象不与窗格中的 ImageList 图像列表对象相关联，所以"图片"参数不能是一个数，而应是图片的引用（如 LoadPicture 函数的返回值）。使用 Panels 集合的 Item 属性可以返回指定的某个 Panel 对象，使用 Count 属性得到窗格的个数。

④ Panel 对象的常用属性。

设计状态下可以通过属性页的"窗格"选项卡设置窗格属性。运行时，可以通过代码设置窗格属性来控制窗格。

• Index 属性（索引）、Key 属性（关键字）、Tag 属性（标记）。

Index 属性值表示窗格在状态栏中的序号和下标，也是 Panels 集合中的索引。Key 属性（字符串类型）是 Panels 集合中的关键字；Tag 属性是程序自定义的标记值。

• Text 属性（文本）、Picture 属性（图片）、ToolTipText 属性（工具提示文本）。

Text 属性和 Picture 属性决定窗格显示的文本内容和图像；ToolTipText 属性决定工具提示内容。状态栏窗格和工具栏按钮一样可以显示工具提示信息。

• Width 属性（宽度）、MinWidth 属性（最小宽度）。

Width 属性是窗格的当前宽度或指定的宽度；MinWidth 属性指定窗格的最小宽度。

• Alignment 属性（对齐）、Style 属性（样式）、Bevel 属性（斜面）、AutoSize 属性（自动调整大小）。

Alignment 属性决定文本和图片在窗格中的对齐方式。0：左对齐，1：居中，2：右对齐。

右对齐时，图片会显示在文本右面。Bevel 属性决定窗格的 3D 视觉效果。0（sbrNoBevel）：无边框，1（sbrInset）：凹陷边框，2（sbrRaised）：凸起边框。

AutoSize 属性决定当窗口宽度或窗格内容变化时，窗格的宽度如何变化。0（sbrNoAutoSize）：不变化，宽度为 Width 指定的值；1（sbrSpring）：随着窗体的宽度变化，但是宽度不会小于 MinWidth 属性值；2（sbrContents）：窗格的宽度自动适合所显示的内容，但不会小于 MinWidth 属性值。

Style 属性决定窗格中显示的内容。其属性值见表 5–10。

表 5–10 Style 属性值含义表

属性值	常量	意义
0	sbrText	（默认值）显示 Text、Picture 属性设置的文本和图片
1	sbrCaps	显示键盘大小写状态。当大写时，显示黑色的 CAPS；小写时，为灰色。使用 Caps Lock 键可以切换
2	sbrNum	显示键盘数字锁定状态。当锁定时，显示黑色的 NUM；未锁定时，为灰色。使用 Num Lock 键可以切换
3	sbrIns	显示键盘插入状态。处于插入状态时，显示黑色的 Ins；否则，为灰色。使用 Insert 键可以切换
4	sbrScrl	显示键盘滚动锁定状态。处于滚动锁定状态时，显示黑色的 SCRL；否则，为灰色。使用 Scroll Lock 键可以切换
5	sbrTime	在窗格中显示系统时间
6	sbrDate	在窗格中显示系统日期
7	sbrKana	当处于键盘滚动锁定状态时，显示黑色的 KANA；否则，为灰色

知识巩固

例 在程序运行时操纵状态栏

要求状态栏第二个窗格中实时显现文本框中的字符数，如图 5–19 所示。

设置状态栏窗格属性格式：状态栏控件名称.Panels（索引值）

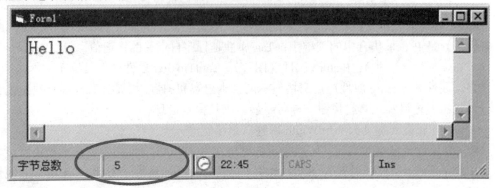

图 5–19 运行界面

程序代码如下：
Private Sub Text1_Change()
    StatusBar1.Panels(2).Text = Str(Len(Text1.Text))
End Sub

📖 课堂训练与测评

设计工具栏，"编辑"下拉菜单实现"剪切"、"复制"、"粘贴"、"全选"功能，"格式"下拉菜单包含"颜色"下级菜单，"颜色"下级菜单实现设置文本框的背景色为"红色"或"蓝色"功能，工具栏中"颜色"可以设置字体为"红色"或"蓝色"，如图5-20所示。

图5-20 运行界面

程序代码如下：
Private Sub mnuEditCut_Click()
If Text1.SelLength > 0 Then
Clipboard.SetText Text1.SelText
Text1.SelText = ""
mnuEditPaste.Enabled = True
End If
End Sub

Private Sub mnuEditCopy_Click()
If Text1.SelLength > 0 Then
Clipboard.SetText Text1.SelText
mnuEditPaste.Enabled = True
End If
End Sub

Private Sub mnuEditPaste_Click()
If Len(Clipboard.GetText) > 0 Then
Text1.SelText = Clipboard.GetText
End If
End Sub

Private Sub Form_Load()
Clipboard.Clear

mnuEditCut.Enabled = False

```
mnuEditCopy.Enabled = False
mnuEditPaste.Enabled = False
End Sub

Private Sub mnuFormatColorRed_Click()
On Error GoTo Err
Text1.BackColor = vbRed
Err:
End Sub
Private Sub mnuFormatColorBlue_Click()
On Error GoTo Err
Text1.BackColor = vbBlue
Err:
End Sub

Private Sub mnuEdit_Click()
If Text1.SelLength > 0 Then
mnuEditCut.Enabled = True
mnuEditCopy.Enabled = True
Else
mnuEditCut.Enabled = False
mnuEditCopy.Enabled = False
End If
End Sub
Private Sub mnuEditSel_Click()
If mnuEditSel.Checked = False Then
mnuEditSel.Checked = True
Text1.SelStart = 0
Text1.SelLength = Len(Text1.Text)
Else
mnuEditSel.Checked = False
Text1.SelLength = 0
End If
End Sub
Private Sub Toolbar1_ButtonClick(ByVal Button As MSComctlLib.Button)
CommonDialog1.CancelError = True
On Error GoTo Err
Select Case Button.Key
```

```
Case "open"  'open 代码将在以后章节中给出说明，CommonDialog1 需要另外添加
    Dim fs1 As New FileSystemObject
    Dim ts1 As TextStream
    CommonDialog1.Filter = "文档(*.txt)|*.txt"
    CommonDialog1.ShowOpen
    Set ts1 = fs1.OpenTextFile(CommonDialog1.FileName)
    If Not ts1.AtEndOfStream Then
    Text1.Text = ts1.ReadAll
    End If
    ts1.Close
Case "bold"
    Text1.FontBold = Not Text1.FontBold    '用户每单击"粗体"按钮一次则在粗体与常规之间切换一次
End Select
Err:
End Sub

Private Sub Toolbar1_ButtonMenuClick(ByVal ButtonMenu As MSComctlLib.ButtonMenu)
Select Case ButtonMenu.Key
Case "red"
    Text1.ForeColor = vbRed
Case "blue"
    Text1.ForeColor = vbBlue
End Select
End Sub
```

5.3 通用对话框和高级文本框

5.3.1 项目 设计通用对话框

  项目说明

利用通用对话框实现"字体"、"颜色"、"打开"按钮的操作。

  项目分析

在窗体上添加 3 个命令按钮（通过控件数组实现），通过单击命令按钮打开对应的对话框，如图 5-21 所示。

（a）

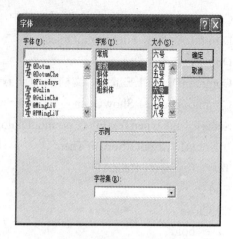
（b）

（c） （d）

图 5-21 运行界面

编程实现

程序代码如下：

```
Private Sub Command1_Click(Index As Integer)
Select Case Index
  Case 0
      CommonDialog1.Flags = &H3
      CommonDialog1.ShowFont
  Case 1
      CommonDialog1.ShowColor
  Case 2
      CommonDialog1.ShowOpen
End Select
```

End Sub

学习支持

Visual Basic 提供了一组 Windows 标准对话框界面的通用对话框（Common Dialog），分别为"打开"、"另存为"、"颜色"、"字体"、"打印机"和"帮助"对话框。通用对话框是通过使用 ActiveX 控件中的 CommonDialog（通用对话框）控件来获得的。通用对话框仅用于应用程序与用户之间的信息交互，是输入输出界面。不能实现打开文件、存储文件、设置颜色、字体打印等操作。如果想要实现这些功能还得靠编程实现。

1. 添加通用对话框控件

（1）添加到工具箱。执行"工程"→"部件"命令，调出"部件"对话框。或在工具箱中右击，在弹出的快捷菜单中单击"部件"命令，也可调出"部件"对话框。在"部件"对话框中有3个选项卡，分别列出了所有已经注册的控件（ActiveX 控件）、设计器和可插入对象。如果要插入 ActiveX 控件，可选择"控件"选项卡；如果要插入可插入对象，可选择"可插入对象"选项卡。选中所需的 ActiveX 控件左边的复选框。要加载通用对话框（CommonDialog）控件，可选中"Microsoft Common Dialog Control 6.0"复选框，单击"部件"对话框中的"确定"按钮，关闭"部件"对话框。此时，所有选定的 ActiveX 控件出现在工具箱中。如果要将外部的 ActiveX 控件加入"部件"对话框，可单击"部件"对话框中的"浏览"按钮，调出"添加 ActiveX 控件"对话框，找到扩展名为 OCX 的文件，单击"打开"按钮即可。

（2）添加到窗体。一旦把通用对话框控件加到工具箱中，就可以像使用标准控件一样，把它添加到窗体中。通用对话框也有它的属性、事件和方法。在设计状态下，窗体中会显示通用对话框的图标。在程序运行时，窗体上不会显示通用对话框的图标，可以在程序中用 Action 属性或 Show 方法，调出所需的对话框。

选中通用对话框图标，在窗体任意位置添加（无须调整大小）此控件，名称默认为 CommonDialog1，利用通用对话框控件可创建6种标准对话框，分别为"打开"、"另存为"、"颜色"、"字体"、"打印"和"帮助"对话框。

2. 通用对话框的基本属性和方法

设置通用对话框的属性可以采用如下方法。

（1）单击选中窗体内通用对话框控件对象的图标，在"属性"窗口内设置它的属性。

（2）在事件过程中用程序代码来设置通用对话框控件对象的属性。

（3）将鼠标指针移到窗体中的通用对话框控件图标之上，右击，在弹出的快捷菜单中执行"属性"命令，即可打开"属性页"对话框，如图 5-22 所示。

利用"属性页"对话框可以设置通用对话框控件的主要属性。该对话框中有5个选项卡，可对不同类型的通用对话框进行属性设置。在"属性页"对话框中进行设置后，单击"应用"按钮，即可看到"属性"窗口内相应的属性数值也发生了变化。

通用对话框的许多属性与其他标准控件的属性一样，例如名称、Left、Top（通用对话框的位置）和 Index（由多个对话框组成的控件数组的下标）等。通用对话框的基本属性如下。

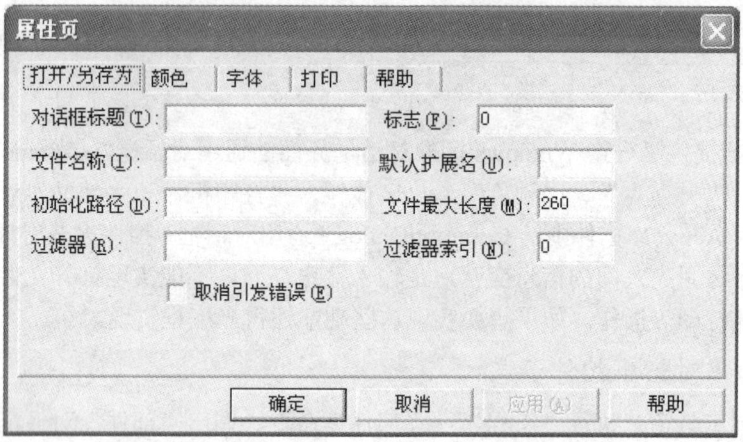

图 5-22 通用对话框控件"属性页"对话框

（1）Action 功能属性（只能在程序中赋值）：决定打开何种类型的对话框。
① 0–None　　　　无对话框显示
② 1–Open　　　　显示"打开"对话框
③ 2–Save As　显示"另存为"对话框
④ 3–Color　　　　显示"颜色"对话框
⑤ 4–Font　　　　显示"字体"对话框
⑥ 5–Print　　　　显示"打印"对话框
⑦ 6–Help　　　　显示"帮助"对话框
例如，CommonDialog1.Action=3　　表示打开"颜色"对话框
（2）DialogTiltle 属性：用于设置对话框的标题。
（3）CancelError 属性：表示用户在与对话框进行信息交互时，单击"取消"按钮时是否产生出错信息。它是逻辑性数据，取值为 True 或 False（默认）。为了防止用户在未输入信息时使用取消操作，可用该属性设置出错警告。该属性值在"属性"窗口及程序中均可设置。

该属性的值设置为 True 时，表示单击对话框中"取消"按钮后，会出现错误警告。自动将错误标志 Err 置为 32755（（3DERR–CANCEL），供程序判断。设置为 False 时，表示单击对话框中的"取消"按钮后，不会出现错误警告。

如果选中如图 5-22 所示"属性页"对话框中的"取消引发错误"复选框，就相当于设置 CancelError 属性值为 True；不选中该复选框，就相当于设置 CancelError 属性值为 False。

通用对话框的常用方法：
① ShowOpen　　　显示"打开"对话框
② ShowSave　　　显示"另存为"对话框
③ ShowColor　　　显示"颜色"对话框
④ ShowFont　　　显示"字体"对话框
⑤ ShowPrint　　　显示"打印"对话框
⑥ ShowHelp　　　显示"帮助"对话框
例如，CommonDialog1. ShowColor　也表示打开"颜色"对话框。

下面详细介绍各类通用对话框。

1. "打开"对话框

在程序运行时，如果通用对话框的 Action 属性被设置为 1，就立即弹出"打开"对话框。"打开"对话框并不能真正打开一个文件，它仅仅提供一个打开文件的用户界面，供用户选择所要打开的文件。打开文件的具体工作还要通过编程来完成。它的常用属性如下。

（1）FileName：用于返回或设置用户所要打开的文件的路径和文件名。该属性为文件名字符串，用于设置"打开"对话框中"文件名称"文本框中显示的文件名。程序执行时，用鼠标选中的文件名或用键盘输入的文件名被显示在"文件名称"文本框中，同时将该文件名和它的路径名组成的字符串赋值给 FileName 属性。

（2）FileTitle：用于返回或设置用户所要打开的文件的文件名。当用户在对话框中选中所要打开的文件时，该属性就立即得到了该文件的文件名。它与 FileName 属性不同。FileTitle 中只有文件名字，没有路径名，而 FileName 中包含所选定文件的路径。它只能在程序运行时设置。

（3）Filter：用于确定"打开"对话框中"文件类型"下拉列表框中所显示的文件类型。该属性值可以是一个字符串，字符串由一组元素或用管道符"|"隔开的分别表示不同类型文件的多组元素组成。例如：CommonDialog1.Filter="Documents(*.DOC)|*.DOC|TextFiles(*.TXT)|*.txt|All Files|*.*"

（4）FilterIndex：表示用户在文件类型列表框中选取的文件类型为上例设定的 Filter。若选定文本文件，则 FilterIndex 值为 2

（5）InitDir：用来指定"打开"对话框中的初始目录。若要显示当前目录，则该属性不需要设置。

例：用命令按钮的 Click 事件显示"打开"对话框。在对话框内只允许显示位图文件，初始目录为 C:\Windows。当选定一个位图文件后，单击"打开"按钮，则在标签上显示选定的位图文件名；单击"取消"按钮，则在标签上显示"单击了'取消'按钮，放弃操作"。

设计方法：首先在窗体上添加 1 个名为 CommonDialog1 的通用对话框控件和 1 个命令按钮 Command1 及 1 个标签 Label1，然后在命令按钮的 Click 事件中编写如下代码：

```
Private Sub Commond1_Click()
    On Error GoTo ABC                               '设置出错处理语句
    CommonDialog1.InitDir="   C:\Windows"           '设置属性（也可在设计中设置）
    CommonDialog1.Filter="位图文件（.Bmp）|*.bmp"
    CommonDialog1.CancelError=True
    CommonDialog1.ShowOpen     '显示文件打开对话框（也可用 CommonDialog1.Action=1）
    Label1.Caption= CommonDialog1.FileName   '显示选择的文件名
    Exit Sub
ABC:                                                '错误处理
    If Err.Number=32755 Then                        '单击"取消"按钮
        Label1.Caption= "单击了'取消'按钮，放弃操作"
```

```
        Exit Sub
    Else
            Label1.Caption= "其他错误！"
    End if
End Sub
```

2. "另存为"对话框

将通用对话框的 Action 属性值设置为 2，或使用 ShowSave 方法，都可以打开"另存为"对话框。"另存为"对话框只是为用户在存储文件时提供了一个标准用户界面，供用户选择或输入所要存入文件的驱动器、路径和文件名。同样，它并不能提供真正的存储文件，要存储文件还需通过编写程序来完成。"另存为"对话框的属性与"打开"对话框的属性基本一样，只是多了一个 DefaultExt 属性。表示所存文件的默认扩展名。

DefaultExt 属性：为该对话框返回或设置默认的文件扩展名，如.bmp 或.jpg 等。当保存一个没有扩展名的文件时，自动给该文件指定由 DefaultExt 属性指定的扩展名。DefaultExt 属性是字符型数据。该属性只适用于"另存为"对话框。

3. "颜色"对话框

将通用对话框的 Action 属性值设置为 3，或使用 ShowColor 方法，都可以打开"颜色"对话框，如图 5-23 所示。在"颜色"对话框中提供了基本颜色调色板，还提供了用户的自定义颜色调色板，用户可以自己调色。

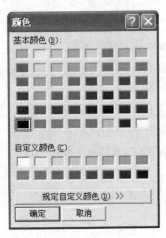

图 5-23 "颜色"对话框界面

重要属性有：

（1）Color 属性：用于返回或设置用户选定的颜色。例如，将文本框的前景色设置为用户选定的颜色，可以使用以下语句：

Text1.ForeColor = CommonDialog1.Color。

（2）Flags 属性：返回或设置"颜色"对话框选项。

格式：对象.Flags=设置值

Flags 属性：相关属性值描述见表 5-11。

表 5-11 Flags 取值表

常　数	值	描　述
cdlCCFullOpen	&H2	显示全部的对话框，包括定义自定义颜色部分
cdlCCShowHelpButton	&H8	使对话框显示帮助按钮
cdlCCPreventFullOpen	&H4	使定义自定义颜色命令按钮无效并防止定义自定义颜色
cdlCCRGBInit	&H1	为对话框设置初始颜色值

例如，使"颜色"对话框中自定义颜色调色板不可用，可以使用以下语句。

CommonDialog1. Flags=&h4

CommonDialog1. Action=3

注意：应该先设置对话框的 Flags 属性，再令其 Action 属性等于 3。如果次序颠倒，则 Flags 属性的设置无效。

例　用"颜色"对话框中用户选定的颜色设置文本框中字符的颜色

设计方法：首先在窗体上添加 1 个名为 CommonDialog1 的通用对话框控件和 1 个命令按钮 Command1 及 1 个文本框 Text1，然后在命令按钮的 Click 事件中编写如下代码：

Private Sub Command1_Click()
　　　　CommonDialog1.CancelError=False
　　　　CommonDialog1.ShowColor　　'也可用 CommonDialog1.Action=3
Text1.ForeColor=CommonDialog1.Color
End Sub

4."字体"对话框

将通用对话框的 Action 属性值设置为 4，或使用 ShowFont 方法，都可以打开"字体"对话框，如图 5-24 所示。

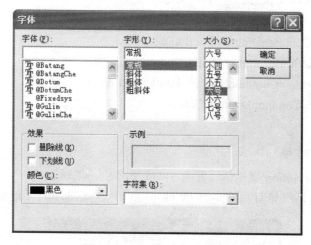

图 5-24　"字体"对话框界面

常用属性有：

（1）Color：返回所选颜色。

（2）FontName：返回所选字体的名称。

（3）Fontsize：返回所选字体的大小。

（4）FontBold、FontItalic、FontStrikethru、FontUnderline：这些属性的值取 True 或 False，用于设定文本是否粗体、斜体、加删除线或加下画线。

（5）Min、Max：确定所能选择的字体大小的最小值和最大值（单位为 Point）。

（6）Flags 属性：返回或设置"字体"对话框选项。其相关属性值描述见表 5-12。

注意：显示"字体"对话框之前必须设置 Flags 属性。

表 5–12 Flags 取值表

常　数	值	描　　述
cdlCFScreenFonts	&H1	使对话框只列出系统支持的屏幕字体
cdlCFPrinterFonts	&H2	使对话框只列出打印机支持的字体
cdlCFBoth	&H3	使对话框列出可用的打印机和屏幕字体
cdlCFEffects	&H100	它指定对话框允许删除线，下画线，以及颜色效果

例：用"字体"对话框设置文本框的字体。要求字体对话框内出现删除线，下画线，颜色元素控制。

设计方法：在窗体上放置 1 个通用对话框，1 个文本框和 1 个命令按钮，在命令按钮的 Click 事件中编写如下代码：

Private Sub Command1_Click()
CommonDialog1.Flags=cdlCFBother Or cdlCFEffects　　　　'设置 flags
CommonDialog1.ShowFont　　　'也可用 CommonDialog1.Action=4
Text1.FontName=CommonDialog1.Fontname
Text1.FontSize=CommonDialog1.FontSize
Text1.FontBold=CommonDialog1.FontBold
Text1.FotItalic=CommonDialog1.FontItalic
Text1.qFontStrikethru=CommonDialog1.FontStStrikethru
Text1.FontUnderline=CommonDialog1.FontUnderline
Text1.ForeColor=CommonDialog1.Color
End Sub

5．"打印"对话框

将通用对话框的 Action 属性值设置为 5，或使用 ShowPrinter 方法，都可以打开"打印"对话框。"打印"对话框界面如图 5–25 所示。"打印"对话框同样不能处理具体的打印作业，

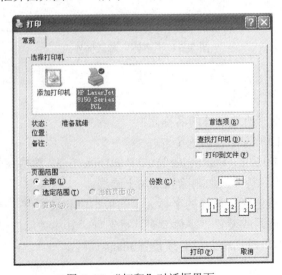

图 5–25　"打印"对话框界面

仅提供一个标准打印界面供用户选择打印参数。所选参数保存于各属性中，比较常用的属性有：

（1）Copies：返回或设置需要打印的份数。
（2）FromPage：起始页号。
（3）Topage：终止页号。

例：调用"打印"对话框，打印文本框中的信息。

设计方法：在窗体上放置 1 个通用对话框，1 个文本框和 1 个命令按钮，在命令按钮的 Click 事件中编程。

设计要点：用 Print 方法将打印的内容发送到 Printer 对象（Printer 对象表示所安装的打印机）就可实现打印。EndDoc 方法可结束 Printer 对象的操作。程序代码如下：

```
Private Sub Command1_Click()
    CommonDialog1.ShowPrinter    '打开"打印"对话框，也可用 CommonDialog1.Action=1
    For I=1 to CommonDialog1.Copies
    Printer.Print   Text1.Text         '打印文件框中的内容
    Next I
    Printer.EndDoc                     '结束文档打印
EndSub
```

6."帮助"对话框

将通用对话框的 Action 属性值设置为 6，或使用 ShowHelp 方法，都可以打开"帮助"对话框。"帮助"对话框不能制作应用程序的帮助文件，只能使用已制作好的帮助文件，并将帮助文件与界面连接起来，达到显示并检索帮助信息的目的。

重要属性有：

（1）Helpcommand：返回或设置帮助类型（cdlHelpContents、cdlHelpContext 等）。
（2）HelpFile：指定帮助文件的路径及其文件名称。
（3）HelpKey：指定帮助信息的关键字。例如：

```
CommonDialog1.HelpCommand=vbHelpContents
CommonDialog1.HelpFile="VB.HLP"
CommonDialog1.HelpKey="Common Dialog Control"
CommonDialog1.Action=6
```

（4）HelpContext：返回或设置所需要的帮助主题。

例：用户单击"显示画图帮助"按钮后，显示画图帮助文件，如图 5-26 所示。

程序代码如下：

```
Private Sub Command1_Click()
    CommonDialog1.HelpCommand = cdlHelpContents
    CommonDialog1.HelpFile = "C:\Windows\Help\Mspaint.HLP"
    CommonDialog1.Action = 6
End Sub
```

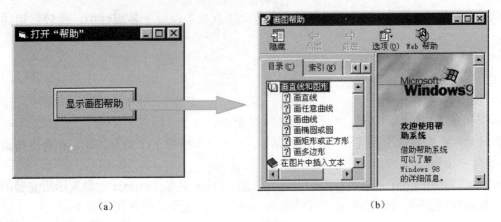

图 5-26 运行界面

知识巩固

例：创建如图 5-27 所示简单文本编辑器。

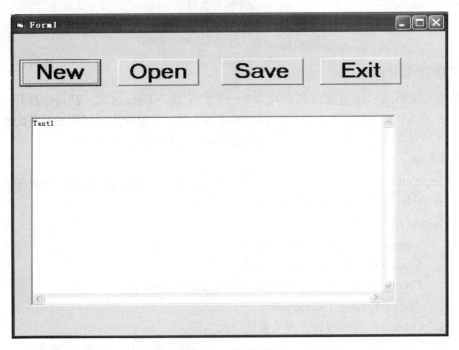

图 5-27 运行界面

程序代码如下：

Private textchange As Integer, textsave As Integer

Private Sub Command1_Click()
If textsave = 0 Then

```
aa = MsgBox("是否保存已有的修改？", vbOKCancel)
If aa = 1 Then Exit Sub
End If
Text1.Text = ""
Text1.SetFocus
textsave = 0
End Sub


Private Sub Command2_Click()
Dim filename1 As String, curstring As String
On Error GoTo openerror
If textsave = 0 Then
aa = MsgBox("是否保存已有的修改？", vbOKCancel)
If aa = 1 Then Exit Sub
End If
  Text1.Text = ""
  CommonDialog1.ShowOpen
  filename1 = CommonDialog1.FileName
If filename1 = "" Then Exit Sub
Open filename1 For Input As #1
Form1.Caption = filename1
Do While Not EOF(1)
Line Input #1, curstring
Text1.Text = Text1.Text & curstring & Chr(13) & Chr(10)
Loop
Close #1
openerror:
Exit Sub


End Sub


Private Sub Command3_Click()
Dim filename1 As String
CommonDialog1.ShowSave
filename1 = CommonDialog1.FileName
If filename1 = "" Then Exit Sub
Open filename1 For Output As #2
Form1.Caption = filename1
```

```
Print 32, Text1.Text
textsave = 1
textchange = 0
Close #2

End Sub

Private Sub Command4_Click()
End
End Sub

Private Sub Text1_Change()
textchange = 1

End Sub
```

5.3.2 项目 高级文本框

📎 项目说明

利用通用对话框和高级文本框实现文件的打开、保存以及颜色、字体、打印、帮助的设置。并将"打开"、"保存"、"左对齐"、"右对齐"、"居中对齐"各个功能用工具栏实现。（只对*.txt 文件操作），如图 5-28 所示。

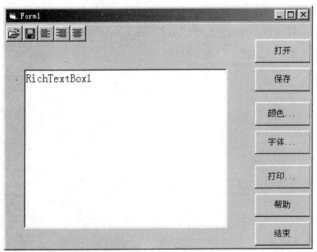

图 5-28 运行界面

📎 项目分析

通用对话框和高级文本框、工具栏、命令按钮的综合应用。

编程实现

程序代码如下：

```vb
Option Explicit

Private Sub chkdown_Click()
    If chkdown.Value = 1 Then
        rtb1.SelCharOffset = -80
    Else
        rtb1.SelCharOffset = 0
    End If
End Sub


Private Sub chkup_Click()

    If chkup.Value = 1 Then
        rtb1.SelCharOffset = 80
    Else
        rtb1.SelCharOffset = 0
    End If

End Sub

Private Sub cmdColor_Click()
    On Error GoTo ce:
    cdg1.Action = 3
    rtb1.SelColor = cdg1.Color
ce:

End Sub

Private Sub cmdFont_Click()
    With cdg1
        .Flags = cdlCFBoth + cdlCFEffects
        .Action = 4
    End With
    With rtb1
        .SelFontName = cdg1.FontName
```

```vb
            .SelFontSize = cdg1.FontSize
            .SelBold = cdg1.FontBold
            .SelItalic = cdg1.FontItalic
            .SelUnderline = cdg1.FontUnderline
            .SelStrikeThru = cdg1.FontStrikethru
            .SelColor = cdg1.Color
        End With

End Sub

Private Sub cmdHelp_Click()
        cdg1.HelpCommand = cdlHelpContents      '帮助文件是*.hlp 文件
        cdg1.HelpFile = "c:\windows\help\notepad.hlp"    '帮助文件的路径
        cdg1.Action = 6
End Sub

Private Sub cmdPrint_Click()
Dim i
On Error GoTo ce:
        cdg1.Action = 5          '打印对话框
        For i = 1 To cdg1.Copies
            Printer.Print rtb1.Text
        Next i
        Printer.EndDoc
ce:
End Sub

Private Sub cmdQuit_Click()
Unload Me
End Sub

Private Sub Command1_Click()
        cdg1.Filter = "文本文件(*.txt)|*.txt|rtf 文件|*.rtf"
        cdg1.Action = 1
        If cdg1.FilterIndex = 1 Then
            rtb1.LoadFile cdg1.FileName, rtfText      'txt 格式文件(1)
        Else
            rtb1.LoadFile cdg1.FileName, rtfRTF        'rtf 格式文件
        End If
```

```vb
End Sub

Private Sub Command2_Click()
    cdg1.Filter = "文本文件(*.txt)|*.txt|rtf 文件|*.rtf"
    cdg1.Action = 2
    If cdg1.FilterIndex = 1 Then
        rtb1.SaveFile cdg1.FileName, rtfText
    Else
        rtb1.SaveFile cdg1.FileName, rtfRTF
    End If
End Sub

Private Sub chkrsuo_Click()
  If chkrsuo.Value = 1 Then
      rtb1.SelRightIndent = 500
    Else
      rtb1.SelRightIndent = 0
    End If
End Sub

Private Sub chkshou_Click()
    If chkshou.Value = 1 Then
        rtb1.SelHangingIndent = 500
    Else
        rtb1.SelHangingIndent = 0
    End If
End Sub

Private Sub optleft_Click()
    rtb1.SelAlignment = 0
End Sub

Private Sub chklsuo_Click()
    If chklsuo.Value = 1 Then
        rtb1.SelIndent = 500
    Else
        rtb1.SelIndent = 0
    End If
End Sub
```

```
Private Sub optmid_Click()
    rtb1.SelAlignment = 2
End Sub


Private Sub optright_Click()
    rtb1.SelAlignment = 1
End Sub


Private Sub Toolbar1_ButtonClick(ByVal Button As MSComctlLib.Button)
Select Case Button.Index
    Case 1
        Command1_Click
    Case 2
        Command2_Click
    Case 3
        rtb1.SelAlignment = 0
    Case 4
        rtb1.SelAlignment = 1
    Case 5
        rtb1.SelAlignment = 2
End Select

End Sub
```

学习支持

在 Visual Basic 的内部控件中，文本框常被用来进行文本内容的输入，因为文本框集成了所有常用的文本编辑功能。但是，文本框只能以相同的格式显示所有的内容，不能像 Word 或"写字板"程序那样，为其内容指定不同的格式甚至插入图片。

使用 ActiveX 控件 RichTextBox 高级文本框控件可以轻松实现格式文本的输入。使用该控件可以方便地打开并编辑格式文本。

RichTextBox 控件可以输入和编辑文本，可以实现多种文字格式、段落等的设置，具有插入图形的功能，可真正构成一个类似 Word 一样的字处理软件。RichTextBox 控件除了具有普通文本框的输入、删除、复制、粘贴等功能之后，还支持文字的字体、字号、颜色、加粗、斜体、下画线、删除线、上标、下标格式和段落的左对齐、右对齐、居中、左缩进、有缩进和悬挂缩进，甚至支持图片的插入和项目符号功能。但是，RichTextBox 控件本身没有为用户提供直接的操作方式，只能通过开发菜单、工具栏和快捷键进行格式的编排。

RichTextBox 控件是 ActiveX 控件，所以需要选择 "Microsoft　Rich TextBox Controls 6.0"，将 RichTextBox 控件添加到工具箱中，然后再使用。

1. 文件操作方法

1）LoadFile 方法

LoadFile 方法能够将 RTF 文件或文本文件装入高级文本框中，其形式如下：

对象.LoadFile 文件标识符[, 文件类型]

文件标识符：要加载的完整文件名，包括路径。

文件类型：0 或 rtfRTF 为 RTF 文件（默认）；1 或 rtfTEXT 为文本文件。

RTF 格式文件可被 Word 和写字板等软件打开并编辑。RTF 格式文件是一种特殊的文本文件，其中使用了很多 RTF 代码来表示各种字符、段落和图片格式。编程者没必要了解 RTF 代码的细节，因为 RichTextBox 控件已经将这些功能"封装"了起来。只需使用此控件提供的相关属性和方法就可以实现 RTF 格式文件的编辑和读写。

2）SaveFile 方法

SaveFile 方法将控件中的文档保存为 RTF 文件或文本文件，其形式：

对象. SaveFile（文件标识符[, 文件类型]）

文件标识符：要保存的完整文件名，包括路径。

文件类型： 0 或 rtfRTF 为 RTF 文件（默认）；1 或 rtfTEXT 为文本文件。

2. 常用格式化属性

（1）SelText、SelStart、SelLength 属性：分别表示当前所选定的文本内容、起始字符位置和选定字符个数。如果无选定文本，则 SelStart 为光标所在位置，SelLength 属性为 0。

（2）SelFontName、SelFOntSize、SelBold、SelItalic、SelUnderline、SelStrikeThru 和 SelColor 属性：用来返回或设置当前所选字符的字体名、字号、加粗、斜体、下画线、删除线以及字体颜色等格式。例如，下面的语句分别将当前所选字符加粗并以红色显示。

RichTextBoxl. SelBold=True

RichTextBoxl. SelColor=RGB(255，0，0)

如果当前没有选定内容，使用这些属性设置的格式会影响在当前光标位置输入的新文本。

（3）SelCharOffset 属性：此属性的值为整型数，决定当前所选字符比其他正常字符高出多少缇，如果是正数显示为上标，如果是负数则为下标。

（4）SelAlignment 属性：设置光标所在段落的对齐方式。0 为左对齐，1 为右对齐，2 为居中。

（5）SelIndent、SelHangingIndent 和 SelRightIndent 属性：分别设置所选段落的左缩进、首行缩进和右缩进量。

（6）Text 属性：保存控件中全部的无格式纯文本内容。

（7）Find 方法：使用此方法可以在 RichTextBox 控件中查找指定的字符串。其形式如下：

RichTextBox1. Find string, [start], [end], [options]

string 参数为要搜索的内容。start 和 end 参数指定搜索的起始位置和结束位置。options 参数指定搜索选项。2 表示"整词匹配"，4 表示大小写敏感，8 表示不突出显示搜索到的内容。

Find 函数返回找到的第一个匹配字符串的位置（字符位置从 0 算起），若未找到，返回–1。如果不指定 start 和 end 参数，并且控件中有选定内容，则只在选定内容中搜索。

3. 插入图像

在 RichTextBox 控件中可插入（*.bmp）的图象文件，形式如下：

对象.OLEObjects.Add [索引], [关键字], 文件标识符

OLEObjects 是集合，包含一组添加到 RichTextBox 控件的对象。索引和关键字表示添加的元素编号和标识，可省略，但逗号不能省略。

例如，RichTextBox1.OLEObjects.Add , ,"c:\windows\circles.bmp"。

知识巩固

在窗体上放置 1 个高级文本框（RichTextBox）、1 个通用对话框（CommonDialog）、若干命令按钮、若干单选按钮和复选框，实现对高级文本框中的文字进行颜色、字体、上标、下标、缩进、对齐的操作，如图 5-29 所示。

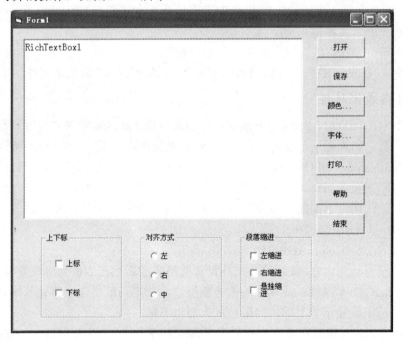

图 5-29 运行界面

程序代码如下：
```
Option Explicit

Private Sub chkdown_Click()
    If chkdown.Value = 1 Then
        rtb1.SelCharOffset = -80
    Else
        rtb1.SelCharOffset = 0
    End If
```

End Sub

Private Sub chkup_Click()

    If chkup.Value = 1 Then
        rtb1.SelCharOffset = 80
    Else
        rtb1.SelCharOffset = 0
    End If

End Sub

Private Sub cmdColor_Click()
    On Error GoTo ce:
    cdg1.Action = 3
    rtb1.SelColor = cdg1.Color
ce:

End Sub

Private Sub cmdFont_Click()
    With cdg1
        .Flags = cdlCFBoth + cdlCFEffects
        .Action = 4
    End With
    With rtb1
        .SelFontName = cdg1.FontName
        .SelFontSize = cdg1.FontSize
        .SelBold = cdg1.FontBold
        .SelItalic = cdg1.FontItalic
        .SelUnderline = cdg1.FontUnderline
        .SelStrikeThru = cdg1.FontStrikethru
        .SelColor = cdg1.Color
    End With

End Sub

Private Sub cmdHelp_Click()
    cdg1.HelpCommand = cdlHelpContents   '帮助文件是*.hlp 文件

```vb
        cdg1.HelpFile = "c:\windows\help\notepad.hlp"        '帮助文件的路径
        cdg1.Action = 6
End Sub

Private Sub cmdPrint_Click()
Dim i
On Error GoTo ce:
        cdg1.Action = 5          '"打印"对话框
        For i = 1 To cdg1.Copies
                Printer.Print rtb1.Text
        Next i
        Printer.EndDoc
ce:
End Sub

Private Sub cmdQuit_Click()
Unload Me
End Sub

Private Sub Command1_Click()
        cdg1.Filter = "文本文件(*,txt)|*.txt|rtf 文件|*.rtf"
        cdg1.Action = 1
        If cdg1.FilterIndex = 1 Then
                rtb1.LoadFile cdg1.FileName, rtfText       'txt 格式文件
        Else
                rtb1.LoadFile cdg1.FileName, rtfRTF        'rtf 格式文件
        End If
End Sub

Private Sub Command2_Click()
        cdg1.Filter = "文本文件(*.txt)|*.txt|rtf 文件|*.rtf"
        cdg1.Action = 2
        If cdg1.FilterIndex = 1 Then
                rtb1.SaveFile cdg1.FileName, rtfText
        Else
                rtb1.SaveFile cdg1.FileName, rtfRTF
        End If
End Sub

Private Sub chkrsuo_Click()
```

```
        If chkrsuo.Value = 1 Then
            rtb1.SelRightIndent = 500
        Else
            rtb1.SelRightIndent = 0
        End If
    End Sub

    Private Sub chkshou_Click()
        If chkshou.Value = 1 Then
            rtb1.SelHangingIndent = 500
        Else
            rtb1.SelHangingIndent = 0
        End If
    End Sub

    Private Sub optleft_Click()
        rtb1.SelAlignment = 0
    End Sub

    Private Sub chklsuo_Click()
        If chklsuo.Value = 1 Then
            rtb1.SelIndent = 500
        Else
            rtb1.SelIndent = 0
        End If
    End Sub

    Private Sub optmid_Click()
        rtb1.SelAlignment = 2
    End Sub

    Private Sub optright_Click()
        rtb1.SelAlignment = 1
    End Sub
```

课堂训练与测评

设计"打开"、"保存"、"颜色"3 种对话框，如图 5-30 所示。

程序代码如下：

Option Explicit

Private Sub Command1_Click()
CommonDialog1.Filter = "所有文件|.|BMP 图形文件|.bmp"
CommonDialog1.ShowOpen
End Sub

Private Sub Command2_Click()
CommonDialog2.Filter = "所有文件|.|Text(.txt)|.txt"
CommonDialog2.ShowSave
End Sub

Private Sub Command3_Click()
Form1.BackColor = CommonDialog3.Color
CommonDialog3.ShowColor
End Sub

图 5-30 对话框示例运行界面

5.4 文件系统控件

5.4.1 项目 设计一个 Windows 下的简单资源管理器

项目说明

设计一个 Windows 下的简单资源管理器，用户可以浏览计算机中的各类文件，同时可以用 Windows 下的一些程序打开某些类型的文件，如文本文件，图片文件等，如图 5-31 所示。

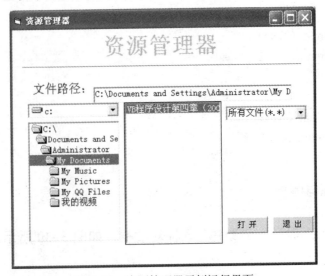

图 5-31 资源管理器示例运行界面

项目分析

使用文件系统中的 3 个常用控件：驱动器列表框（DriveListBox）、目录列表框（DirListBox）和文件列表框（FileListBox）实现。

编程实现

程序代码如下：

```
'Shell(pathname[,windowstyle])
'Windowstyle 可选参数表示在程序运行时窗口的样式。
'取值范围是 0～6。
'执行一个可执行文件，返回一个 Variant (Double)数值，如果成功的话，此数值
'代表这个程序的任务 ID；若不成功，则会返回 0。
'注意：文件路径中不应包含空格。


Private Sub Combo1_Click()
If Combo1.Text = "文本文件(*.txt)" Then
File1.Pattern = "*.txt"
ElseIf Combo1.Text = "位图文件(*.bmp)" Then
File1.Pattern = "*.bmp"
ElseIf Combo1.Text = "文档文件(*.doc)" Then
File1.Pattern = "*.doc"
ElseIf Combo1.Text = "vb 文件(*.vbp)" Then
File1.Pattern = "*.vbp"
Else
File1.Pattern = "*.*"
End If
End Sub
Private Sub Command1_Click()
filename = Text1.Text & "\" & File1.FileName
If File1.Pattern = "*.txt" Then
pathname = "c:\windows\system32\notepad.exe" + " " + filename
x = Shell(pathname, 4)
ElseIf File1.Pattern = "*.doc" Then
'pathname = "C:\Program Files\Windows NT\Accessories\wordpad.exe" + " " + filename
'x = Shell(pathname, 4)
pathname = "D:\应用程序\office\Office\winword.exe" + " " + filename
x = Shell(pathname, 4)
```

```
ElseIf File1.Pattern = "*.bmp" Then
pathname = "c:\WINDOWS\system32\mspaint.exe" + " " + filname
x = Shell(pathname, 1)
ElseIf File1.Pattern = "*.vbp" Then
pathname = "D:\应用程序\VB98\vb6.exe" + " " + filname
x = Shell(pathname, 4)
End If
End Sub

Private Sub Command2_Click()
End
End Sub

Private Sub Dir1_Change()
File1.Path = Dir1.Path
Text1.Text = Dir1.Path
End Sub

Private Sub Drive1_Change()
Dir1.Path = Drive1.Drive
End Sub

Private Sub File1_Click()
Text1.Text = File1.Path
End Sub

Private Sub Form_Load()
Combo1.AddItem "所有文件(*.*)"
Combo1.AddItem "文本文件(*.txt)"
Combo1.AddItem "位图文件(*.bmp)"
Combo1.AddItem "文档文件(*.doc)"
Combo1.AddItem "vb 文件(*.vbp)"
End Sub
```

学习支持

驱动器列表框（DriveListBox）

驱动器列表框（DriveListBox）控件是一种下拉式列表框。平时只显示当前驱动器名称，单击右边的箭头按钮，就会显示出该计算机所拥有的所有磁盘驱动器，供用户选择。重要属性及事件如下。

（1）Drive 属性：驱动器列表框（DriveListBox）控件有一个 Drive 属性，该属性不能在设计状态时设置，只能在程序运行时被引用或设置。

格式：[对象.]Drive [= drive]

功能：在运行时返回或设置所选定的驱动器名称。Drive 参数是驱动器名称。

说明："对象"参数是驱动器列表框（DriveListBox）控件的名称。每次重新设置 Drive 属性都会引发 Change 事件。

（2）Change 事件：该事件当选择一个新的驱动器或通过代码改变 Drive 属性的设置时发生。

目录列表框（DirListBox）

目录列表框（DirListBox）控件显示当前驱动器的目录结构及当前目录下的所有子目录，供用户选择其中的某个目录作为当前目录。在目录列表框中，如果用鼠标双击某个目录，就会显示出该目录下的所有子目录。重要属性及事件如下。

（1）Path 属性：目录列表框只能显示出当前驱动器下的子目录。如果要显示其他驱动器下的目录结构，则必须重新设置目录列表框上的 Path 属性。该属性不能在设计状态时设置，只能在程序运行时被引用或设置。

格式：[对象.]Path [= pathname]

功能：用来返回或设置当前路径。

说明：pathname 参数是一个路径名字符串。每次重新设置 Path 属性都会引发 Change 事件。

（2）Change 事件：重新设置目录列表框（DirListBox）Path 属性时引发的事件。

如果窗体上建立了驱动器列表框（名称为 Driverl1）和目录列表框（名称为 Dirl1），在驱动器列表框（名称为 Driverl1）变化而产生事件的过程中加入如下一组语句：

```
Private Sub Drivel1_Change()
        Dirl1.Path = Driverl1.Drive    '将驱动器列表框的驱动器号赋给目录列表框
End Sub
```

程序运行后，在驱动器列表框中改变驱动器时，目录列表框中的内容会随之同步改变，产生同步效果。当在驱动器列表框 Driverl1 中改变了驱动器时，Driverl1.Drive 属性发生变化，触发了 Driverl1_Change 事件，执行上面的语句。伴随着 Driverl1.Drive 属性的改变，目录列表框 Dirl1 的 Path 属性也会随之改变，即可显示刚刚被选定的驱动器的目录结构。

文件列表框

FileListBox（文件列表框）控件是一种列表框，显示当前驱动器中当前目录下的文件目录清单。文件列表框也有 Path 属性，表示列表框中显示的文件所在的路径。每次重设 Path 属性都会引发 PathChange 事件。重要属性及事件如下。

（1）Path 属性：显示该文件的路径。

重新设置 Path 属性引发 PathChange 事件。

(2) Pattern 属性：显示的文件类型。该属性值为具有通配符的文件名字符串，可以在设计时设置，也可以在程序中改变。重新设置 Pattern 属性引发 PatternChange 事件。

格式：[对象.]Pattern [= value]

功能：返回或设置文件列表框所显示的文件类型。默认值为显示所有文件。

例如，filFile.Pattern = "*.frm"，显示*.frm 文件。

注意：多个文件类型之间用分号（;）分界。例如，"*.frm;*.frx"。

(3) FileName 属性：

格式：[对象.]FileName [= pathname]

功能：用来设置或返回被选定文件的文件名。引用时只返回文件名，需用 Path 属性得到其路径。设置时可带路径。

(4) Click、DblClick 事件：

例如，单击输出文件名。代码如下所示：

  Sub filFile_Click( )
    MsgBox filFile.FileName
  End Sub

如果窗体上建立了目录列表框（Dirl1）和文件列表框（File1），在目录列表框（Dirl1）变化而产生事件的过程中加入如下一组语句：

Private Sub Dirl1_Change()
   File1.Path = Dirl 1.Path '将目录列表框的路径赋给文件列表框
  End Sub

程序运行后，在目录列表框中改变目录时，文件列表框中的内容会随之同步改变。

Shell 函数

Visual Basic 中不仅提供了可调用的内部函数，还可以调用各种应用程序。凡是能在 Dos 或 Windows 系统下运行的可执行程序，可以在 Visual Basic 中被调用。这是通过 Shell 函数来实现的。Shell()函数的格式如下。

格式：Shell(命令字符串[，窗口类型])

说明：

(1) 命令字符串：要执行的应用程序名，包括路径。命令字符串必须是可执行文件（扩展名为 exe、com、bat）。

(2) 窗口类型：可选参数，表示在程序运行时窗口的样式。取值范围是 0～6。一般取 1，表示正常窗口状态。默认值为 2，表示窗口会以一个具有焦点的图表来表示。

(3) 函数返回值：执行一个可执行文件后，返回一个 Variant（Double）数值。如果成功的话，此数值代表这个程序的任务 ID；若不成功，则会返回 0。

  例 当程序运行时执行 Windows 的计算器，则调用 Shell 函数如下：
  x=shell("c:\windows\calc.exe",1)

下面介绍利用 Shell 函数用特定 Windows 应用程序打开特定文件的方法。具体格式为：变量名=shell(程序名 & " " & 要打开的文件名，窗口类型)。其中程序名和要打开的文件名都包括路径。如用记事本程序打开"C: \文档 1.txt"，可以使用以下语句：Rel=shell("c:\windows

\system32\notepad.exe" & " " & "C：\文档 1.txt"，1)。记事本程序的名称为 notepad.exe，通常位于 c:\windows\system32 目录下，如果不在此目录下，应根据具体情况使用正确的路径。此外，画图程序的名称为 mspaint.exe，Word 程序的名称为 winword.exe ,Visal Basic 6.0 程序的名称为 Visual Basic 6.exe，程序路径视计算机情况而定。用户可以尝试用以上程序打开 Word 文档及 Visual Basic 工程文件。

知识巩固

例：利用文件系统基本控件实现基本的资源管理器功能。

该程序的运行界面如图 5-32 所示。

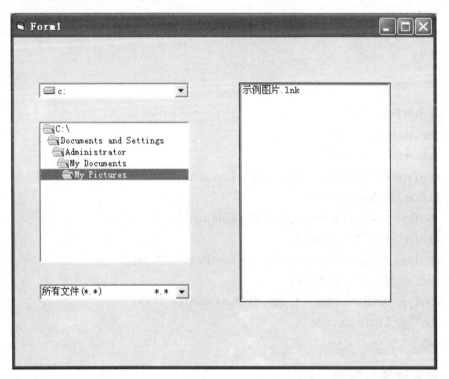

图 5-32 资源管理器程序运行界面

程序代码如下：
Option Explicit

Private Sub cboType_Click()
　　filList.Pattern = Mid(cboType.Text, 21)
End Sub

Private Sub dirList_Change()
　　filList.Path = dirList.Path

End Sub

```
Private Sub drvList_Change()
    dirList.Path = drvList.Drive
End Sub


Private Sub filList_Click()
    Form1.Cls
    Print filList.FileName
End Sub


Private Sub Form_Load()
    Dim item As String
    item = "所有文件(*.*)"
    cboType.AddItem item + Space(20 – Len(item)) + "*.*"
    item = "窗体文件(*.frm)"
    cboType.AddItem item + Space(20 – Len(item)) + "*.frm"
    item = "位图文件(*.bmp)"
    cboType.AddItem item + Space(20 – Len(item)) + "*.bmp"
    item = "可执行文件(*.exe)"
    cboType.AddItem item + Space(20 - Len(item)) + "*.exe"
    cboType.ListIndex = 2
End Sub
```

课堂训练与测评

利用 **Driver**、**Dir**、**File** 控件设计，做到三者同步。双击文件名时，弹出一个消息框，显示所选的文件名。程序运行时界面如图 **5–33** 所示。

程序代码如下：
```
Private Sub Dir1_Change()
File1.Path = Dir1.Path
End Sub


Private Sub Drive1_Change()
```

```
Dir1.Path = Drive1.Drive
End Sub


Private Sub File1_Click()
MsgBox Dir1.Path + "\" & File1.FileName
End Sub
```

(a)

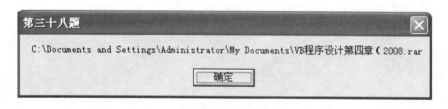

(b)

图 5-33 运行界面

5.5 MDI 多文档编辑

Windows 应用程序的界面样式有：

（1）单文档界面样式（SDI - Single Document Interface）：应用程序的主窗口内每次最多只能打开一个文档。

（2）多文档界面样式（MDI - Multiple Document Interface）：应用程序的主窗口内可打开多个文档子窗口，子窗口只能在父窗口内活动。

（3）类似于资源管理器的界面窗口，通常包括两部分。左边为一个树型的或者层次型的视图，右边为内容显示区。

如 Windows 中的记事本和画图等应用程序都属于单文档界面。对于多文档界面（MDI）的 Windows 应用程序，在运行时，都可以同时打开多个文档。例如，Microsoft Visual Basic 6.0、Photoshop、Flash、MX、Microsoft Excel 和 Microsoft Word 等就是这种具有多文档界面（MDI）的应用程序。

5.5.1 项目 MDI 应用程序设计

◎ 项目说明

使用多文档界面（MDI）设计一个文本编辑器程序。主菜单有"文件"、"编辑"和"窗口"。其中，"文件"菜单含"新建"和"退出"子菜单，"编辑"菜单含"剪切"、"复制"和"粘贴"子菜单，"窗口"菜单含"水平平铺"、"垂直平铺"和"层叠"子菜单。窗体上有一个文本编辑区，要求实现菜单所指定的功能。程序运行界面如图 5-34 所示。

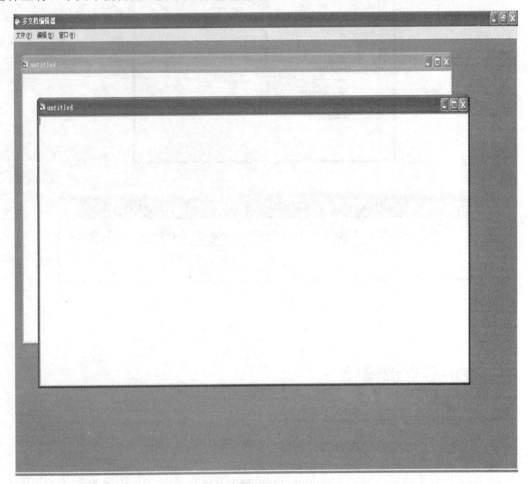

图 5-34　文本编辑器程序运行界面

◎ 项目分析

实现本程序的步骤如下。

（1）添加一个 MDI 窗体，设置窗体名称为 mainfrm，窗体标题为"多文档编辑器"。

（2）在 MDI 窗体上添加菜单系统，设计好的菜单项设置见表 5-13。

表 5–13　多文档编辑器的菜单设置

菜单标题	菜单名称	快捷键
文件（&F）	mnuFile	
新建（&N）	mnuNew	
退出（&Q）	mnuExit	
编辑（&E）	mnuEdit	
剪切（&X）	mnuCut	Ctrl+X
复制（&C）	mnuCopy	Ctrl+C
粘贴（&V）	mnuPaste	Ctrl+V
窗口（&W）	mnuWindows	
水平平铺（&T）	mnuHor	
垂直平铺（&L）	mnuVer	
层叠（&B）	mnuCascode	

（3）对现有的普通窗体，设置其名称为 childfrm，MDIChild 属性为 True，并在窗体上放置 1 个文本框 Text，设置 MultiLine 属性为 True，设置 Left 和 Top 属性都为 0。

（4）设置 MDI 窗体为启动窗体。

编程实现

程序代码编写

MDI 窗体代码如下：

```
Private Sub MDIForm_Load()
childfrm.Hide
mainfrm.WindowState = vbMaximized

End Sub


Private Sub mnuCascode_Click()
mainfrm.Arrange 0
End Sub


Private Sub mnuCopy_Click()
Clipboard.SetText mainfrm.ActiveForm.ActiveControl.SelText
End Sub


Private Sub mnuCut_Click()
Clipboard.SetText mainfrm.ActiveForm.ActiveControl.SelText, 1
```

```
mainfrm.ActiveForm.ActiveControl.SelText = ""
End Sub

Private Sub mnuExit_Click()
Unload mainfrm
End Sub

Private Sub mnuhor_Click()
mainfrm.Arrange 1
End Sub

Private Sub mnuNew_Click()
Set newform = New childfrm
newform.Show
ActiveForm.Caption = "untitled"
End Sub

Private Sub mnuPaste_Click()
mainfrm.ActiveForm.ActiveControl.SelText = Clipboard.GetText()
End Sub

Private Sub mnuVer_Click()
mainfrm.Arrange 2
End Sub
```
子窗体代码：
```
rivate Sub Form_Resize()
childfrm.Hide
Text1.Width = ScaleWidth
Text1.Height = ScaleHeight
End Sub
```

◎ 学习支持

多文档界面的特性

（1）多文档（MDI）界面有一个可以包容许多其他窗体的"父窗体"。该窗体好像是一个窗体的容器，可以容纳多个文档窗体，每个文档窗体内都显示各自的文档。因此，MDI 界面是由"父窗体"和"子窗体"构成，可以在"父窗体"内建立和维护多个"子窗体"。

（2）多文档（MDI）界面与多重窗体不是一个概念。多重窗体应用程序中的各个窗体是彼此独立的,不具有父子关系。MDI 虽然也有多个窗口,但这些窗体中只有一个 MDI,其他窗体属于 MDI 子窗体。子窗体都被限制在 MDI 父窗口的区域内,每个文档显示在自己的 MDI 子窗体中,MDI 父窗体为所有 MDI 子窗体中的文档提供了操作空间。MDI 子窗体只能在 MDI 父窗体的工作区中打开。MDI 子窗体最小化和最大化后也仍在 MDI 父窗体的工作区内。

(3)当子窗体被最小化后,将以标题栏形式出现在父窗体中,而不会出现在 Windows 的任务栏中。当父窗体最小化时,所有的子窗体也被最小化,同时只有父窗体的图标出现在 Windows 的任务栏中。

(4)当父窗体最大化时,父窗体可以充满整个屏幕。当子窗体最大化时,子窗体可以充满整个父窗体划定的工作区域,同时子窗体的标题栏消失,其标题与 MDI 窗体的标题合并,并出现在父窗体的标题栏中。当移动子窗体时,不可以将子窗体移出父窗体划定的工作空间。当移动父窗体时,子窗体也随之移动。

(5)如果 MDI 子窗体有菜单,那么当 MDI 子窗体为活动窗体时,子窗体的菜单将自动取代 MDI 窗体的菜单。

(6)一个 MDI 应用程序可以含有 3 类窗体,即普通窗体(也称标准窗体)、MDI 父窗体和 MDI 子窗体。通常把 MDI 父窗体简称为父窗体或 MDI 窗体,而把 MDI 子窗体简称为子窗体。

多文档界面的设计

多文档界面的应用程序至少需要两个窗体:一个 MDI 窗体(父窗体)和一个或若干个子窗体。在不同窗体中共用的过程和变量一般应存放在标准模块中。

1. 创建 MDI 窗体

(1)执行"工程"→"添加 MDI 窗体"命令,打开"添加 MDI 窗体"对话框,如图 5–35 所示。

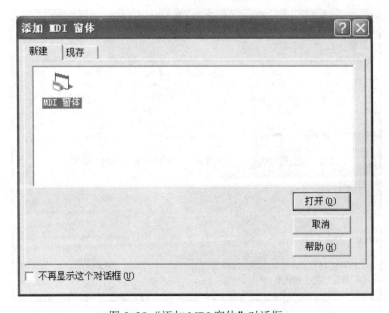

图 5–35 "添加 MDI 窗体"对话框

（2）选择"MDI 窗体"图标，单击"打开"按钮，即可创建一个 MDI 窗体。MDI 窗体的名称默认为"MDIForm1"。

（3）在 MDI 窗体上创建对象。在 MDI 窗体上可以创建图片框(PictureBox)和时钟(Timer)控件对象、菜单和具有 Align 属性的自定义控件。在 MDI 窗体上创建对象的方法与在普通窗体中的操作方法一样。如果 MDI 子窗体有菜单，那么，当 MDI 子窗体为活动窗体时，子窗体的菜单将自动取代 MDI 窗体的菜单。

（4）不可以在 MDI 窗体中直接创建其他控件对象。应该先在 MDI 窗体上创建一个图片框，然后在图片框中创建其他控件。可以在 MDI 窗体的图片框中使用 Print 方法显示文本，但是不能在 MDI 窗体上显示文本。

（5）MDI 窗体分为两部分。其中，上面一部分称为 MDI 窗体控制区，下面一部分称为 MDI 窗体工作区。在控制区内可以创建控件对象。子窗体位于工作区内。为了在 MDI 窗体上给 MDI 子窗体划定工作区，可以在 MDI 窗体上创建一个图片框。此过程也同时创建了 MDI 窗体的控制区。这样，就可以在 MDI 窗体的控制区内建立控件。

在 MDI 窗体中创建图片框时，无论在 MDI 窗体的什么位置创建图片框，所建立的控制区总是位于 MDI 窗体的上部。当调整 MDI 窗体大小时，控制区宽度也会随之变化，而且总与窗体宽度相同。通过调整图片框下边界上的矩形控制柄，可以调整控制区的高度。

（6）可以像在普通窗体内那样在 MDI 窗体内编写程序代码。可以和在普通窗体上一样在控制区创建任何控件对象。从这个意义上说，图片框是其他控件的"容器"，而在控制区内建立的控件对象是图片框的"子控件"。

2. 创建和设计 MDI 子窗体

（1）执行"工程"→"添加窗体"命令，打开"添加窗体"对话框，如图 5-36 所示。选择"窗体"图标，单击"打开"按钮，即可在原工程中创建一个新窗体。

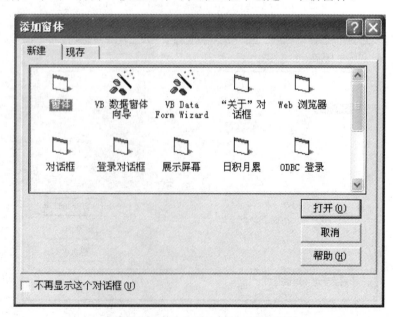

图 5-36 "添加窗体"对话框

（2）MDI 子窗体是一个 MDIChild 属性为 True 的普通窗体。因此，要创建一个 MDI 子窗体，须将普通窗体的 MDIChild 属性设置为 True。

（3）进行 MDI 子窗体内对象布局的设计。MDI 子窗体的设计同标准窗体。

图 5-37 所示为标准窗体、MDI 窗体、MDI 子窗体的图标。它们是不同的，应注意区分。

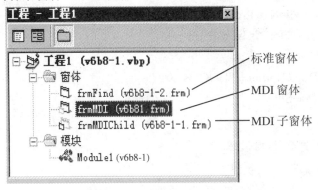

图 5-37　标准窗体、MDI 窗体、MDI 子窗体的图标

3. 设置 MDI 窗体为启动窗体

（1）执行"工程"→"工程 1 属性"命令，打开"工程 1-工程属性"对话框中，在"启动对象"下拉列表框中选择 MDI 窗体的名称（如 MDIFoml），单击"确定"按钮。这样，就将 MDI 窗体设为了启动窗体，如图 5-38 所示。

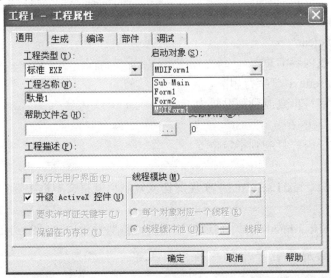

图 5-38　"工程 1-工程属性"对话框

（2）如果设置子窗体为启动窗体，则加载子窗体时，其 MDI 窗体会自动加载并显示。如果设置 MDI 窗体为启动窗体，则加载 MDI 窗体时，其子窗体并不会自动加载显示。

4. 通过创建类的方法实现多个子窗体的创建

例如，已创建了一个名为 Formchild 的子窗体，通过以下语句可创建 Formchild 的一个对象。
>Dim NewDoc As New Formchild

多次调用以下过程，则产生多个子窗体（Formchild 实例）。
>>Dim N As Integer
>>Public Sub FileNewProc()
>>>Dim NewDoc As New Formchild
>>>N = N + 1
>>>NewDoc.Caption = "DOC" & N
>>>NewDoc.Show   '显示子窗体
>>End Sub

5. MDI 窗体和子窗体的交互

MDI 窗体的两个属性：
（1）ActiveForm:表示具有焦点的或最后被激活的子窗体。
（2）ActiveControl:表示活动子窗体上具有焦点的控件。
>例：把选定文本复制到剪贴板上。代码如下：

ClipBoard.SetText frmMDI.ActiveForm.ActiveControl.SelText
>可以用 Me 关键字来引用当前正在运行的窗体。
>例：关闭当前子窗体。代码如下：

 Unload Me
ClipBoard 对象的几个方法。
（1）ClipBoard.clear
作用：将剪贴板内容清空。
（2）ClipBoard.settext   "字符串"
作用：将指定字符串复制到剪贴板上。
（3）ClipBoard.gettext
作用：将剪贴板内容复制到指定位置。
>例：

ClipBoard.settext   text1.seltext   '实现剪切或复制功能将文本框中选中的内容
'复制到剪贴板
>Text1. text=ClipBoard.gettext   '实现粘贴功能，将剪贴板内容复制到文本框中

6. 多文档界面应用程序中的"窗口"菜单

（1）显示打开的多个文档窗口。
>要在某个菜单上显示所有打开的子窗体标题，只需利用菜单编辑器将该菜单的

WindowList 属性设置为 True。
（2）排列窗口。
利用 Arrange 方法进行层叠、平铺和排列图标。
>格式：MDI 窗体对象.Arrange   排列方式
>功能：用来重排 MDIForm 对象中的窗口或图标。

排列方式：MDI 窗体对象排列方式见表 5–14。

表 5–14 排列方式表

常　　数	值	描　　述
VbCascade	0	层叠所有非最小化
VbTileHorizontal	1	水平平铺所有非最小化
VbTileVertical	2	垂直平铺所有非最小化
VbArrangeIcons	3	重排最小化

知识巩固

例：记事本程序

该程序运行界面如图 5–39 所示。

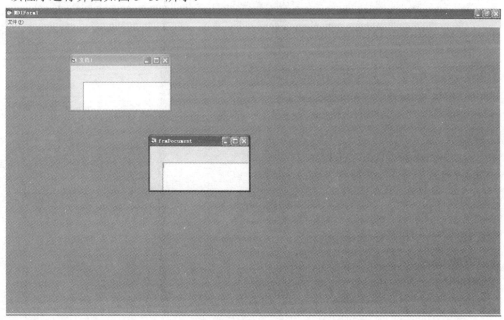

图 5–39 运行界面

该程序中 MDI 窗体及其子窗体属性设置见表 5–15 和表 5-16。

表 5–15 MDI 窗体属性设置表

菜单标题	菜单名称
文件（&F）	mnuFile
新建（&N）	mnuFileNew
打开（&O）	mnuFileOpen
保存（&S）	mnuFileSave
退出（&X）	mnuFileExit

表 5–16 MDI 子窗体属性设置表

对象	属性	设置
Form	Name	frmDocument
	Caption	frmDocument
	MDIChild	True
Textbox	Name	txtDocu

程序代码如下：

```
Private Sub MDIForm_Load()
loadNewDoc
End Sub
Private Sub loadNewDoc()
Static lDocumentCount As Long
Dim frmD As frmDocument
lDocumentCount = lDocumentCount + 1
Set frmD = New frmDocument
frmD.Caption = "文档" & lDocumentCount
frmD.Show
End Sub

Private Sub mnuFileExit_Click()
Unload Me
End Sub

Private Sub mnuFileNew_Click()
loadNewDoc
End Sub

Private Sub mnuFileOpen_Click()
Dim strFile As String
strFile = App.Path & "\note.txt"
ActiveForm.Caption = strFile
End Sub

Private Sub mnuFileSave_Click()
Dim strFile As String
strFile = App.Path & "\note.txt"
End Sub
```

课堂训练与测评

实现复杂记事本功能,如图 5-40 所示。

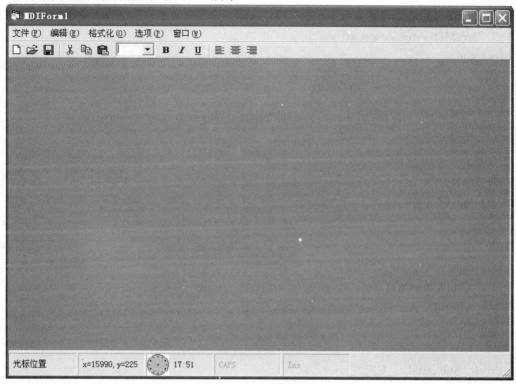

图 5-40 运行界面

程序代码如下:
MDI 窗体代码:

```
Private Sub MDIForm_QueryUnload(Cancel As Integer, UnloadMode As Integer)
    Dim msg       ' 声明变量。

    ' 设置信息文本。
    msg = "真的要退出此程序吗?"
    ' 如果用户单击 No 按钮,则停止 QueryUnload。
    If MsgBox(msg, vbQuestion + vbYesNo, Me.Caption) = vbNo Then Cancel = 1
End Sub


Private Sub mnuAll_Click()
    With frmMDI.ActiveForm.RichTextBox1
        .SelStart = 0
        .SelLength = Len(frmMDI.ActiveForm.RichTextBox1.Text)
```

```
        End With
    End Sub

    Private Sub mnuCascade_Click()
        frmMDI.Arrange vbCascade
    End Sub

    Private Sub mnuCenter_Click()
        frmMDI.ActiveForm.ActiveControl.SelAlignment = 2
    End Sub

    Private Sub mnuCopy_Click()
        Call CopyProc
    End Sub

    Private Sub mnuCut_Click()
        Call CopyProc
        frmMDI.ActiveForm.ActiveControl.SelText = ""
    End Sub

    Private Sub mnuDel_Click()
        frmMDI.ActiveForm.ActiveControl.SelText = ""
    End Sub

    Private Sub mnuFileNew_Click()
        Call FileNewProc
    End Sub


    Private Sub mnuFileOpen_Click()
        FileOpenProc
    End Sub

    Private Sub mnuFont_Click()
        With frmMDI.ActiveForm.CommonDialog1
            .Flags = cdlCFBoth + cdlCFEffects
            .FontName = "宋体"
            .Action = 4
        End With
```

```vb
    With frmMDI.ActiveForm.RichTextBox1
        .SelFontName = frmMDI.ActiveForm.CommonDialog1.FontName
        .SelFontSize = frmMDI.ActiveForm.CommonDialog1.FontSize
        .SelBold = frmMDI.ActiveForm.CommonDialog1.FontBold
        If frmMDI.ActiveForm.CommonDialog1.FontBold = True Then
            frmMDI.Toolbar1.Buttons("TBold").Value = tbrPressed
        Else
            frmMDI.Toolbar1.Buttons("TBold").Value = tbrUnpressed
        End If
        .SelItalic = frmMDI.ActiveForm.CommonDialog1.FontItalic
        .SelUnderline = frmMDI.ActiveForm.CommonDialog1.FontUnderline
        .SelStrikeThru = frmMDI.ActiveForm.CommonDialog1.FontStrikethru
        .SelColor = frmMDI.ActiveForm.CommonDialog1.Color
    End With
End Sub

Private Sub mnuIcon_Click()
    frmMDI.Arrange vbArrangeIcons
End Sub

Private Sub mnuInsertPicture_Click()
    With frmMDI.ActiveForm.CommonDialog1
        .Filter = "*.bmp|*.bmp"
        .Action = 1
        frmMDI.ActiveForm.RichTextBox1.OLEObjects.Add , , .FileName
    End With
End Sub

Private Sub mnuleft_Click()
    With frmMDI.ActiveForm.RichTextBox1
        .SelAlignment = 0
    End With
End Sub

Private Sub mnuPaste_Click()
    Call PasteProc
End Sub

Private Sub mnuRight_Click()
```

```vb
        frmMDI.ActiveForm.RichTextBox1.SelAlignment = 1
End Sub

Private Sub mnuSave_Click()
    FileSaveProc
End Sub

Private Sub mnuStatus_Click()
    If mnuStatus.Checked Then
        frmMDI.StatusBar1.Visible = 0
        mnuStatus.Checked = 0
    Else
        frmMDI.StatusBar1.Visible = 1
        mnuStatus.Checked = 1
    End If
End Sub

Private Sub mnuTileV_Click()
    frmMDI.Arrange vbTileVertical
End Sub

Private Sub munStatus_Click()

End Sub

Private Sub mnuTileH_Click()
    frmMDI.Arrange vbTileHorizontal
End Sub

Private Sub munExit_Click()
    Unload frmMDI
End Sub

Private Sub rsj_Click()
    frmMDI.ActiveForm.RichTextBox1.SelRightIndent = 400
End Sub

Private Sub shsj_Click()
    frmMDI.ActiveForm.RichTextBox1.SelHangingIndent = –400
```

End Sub

```
Private Sub TFind_Click()
    Dim str As String
    Dim ss
    str = InputBox("请输入查找字符串", "查找")
'    frmMDI.ActiveForm.RichTextBox1.Find str, , , rtfNoHighlight
    ss = frmMDI.ActiveForm.RichTextBox1.Find(str, , , rtfNoHighlight)
    If ss = -1 Then
        MsgBox ("没有找到指定字符串")
    Else
        MsgBox (ss)
        With frmMDI.ActiveForm.RichTextBox1
            .SelStart = ss
            .SelLength = Len(str)
        End With
    End If

End Sub

Private Sub Toolbar1_ButtonClick(ByVal Button As MSComctlLib.Button)
        Select Case Button.Key
            Case "TNew"
                Call FileNewProc
            Case "TOpen"
                Call FileOpenProc
            Case "TSave"
                Call FileSaveProc
        End Select

    With frmMDI.ActiveForm.ActiveControl
        Select Case Button.Key
            Case "TCopy"
                Call mnuCopy_Click
            Case "TCut"
                Call mnuCut_Click
            Case "TPaste"
                Call mnuPaste_Click
            Case "TBold"
```

```
                .SelBold = Not .SelBold
            Case "TUnderline"
                .SelUnderline = Not .SelUnderline
            Case "TItalic"
                .SelItalic = Not .SelItalic
            Case "TLeft"
                .SelAlignment = 0
            Case "TCenter"
                .SelAlignment = 2
            Case "TRight"
                .SelAlignment = 1
        End Select
    End With
End Sub
```

MDI 子窗体代码：

```
Option Explicit
Private boolDirty As Boolean    '判断 richTextBox 的内容是否改变
Private Sub Form_load()
    ScaleHeight = 7000
    ScaleWidth = 10000
    RichTextBox1.Left = 200
    RichTextBox1.Top = 100
    RichTextBox1.Height = 6800
    RichTextBox1.Width = 9600
End Sub


Private Sub Form_QueryUnload(Cancel As Integer, UnloadMode As Integer)
'    cancel 一个整数。将此参数设定为除 0 以外的任何值，
'    可在所有已装载的窗体中停止 QueryUnload 事件，
'    并阻止该窗体和应用程序的关闭?
    Dim intYn As Integer
    Dim msg As String
    If boolDirty Then
    msg = "你还没有保存" & Me.Caption & ",需保存吗?"
        intYn = MsgBox(msg, vbYesNo + vbExclamation, "询问")
        If intYn = vbYes Then
            Cancel = 1
            FileSaveProc
            boolDirty = False
```

```vb
                Cancel = 0
        Else
                Cancel = 0
            End If

    End If
End Sub


Private Sub Form_Resize()
    RichTextBox1.Height = ScaleHeight – 200
    RichTextBox1.Width = ScaleWidth – 400
End Sub

Private Sub RichTextBox1_Change()
    boolDirty = True
End Sub


Private Sub RichTextBox1_MouseMove(Button As Integer, Shift As Integer, x As Single, y As Single)
        frmMDI.StatusBar1.Panels(2).Text = "x=" & x & ",y=" & y
End Sub

Private Sub RichTextBox1_SelChange()
        frmMDI.Toolbar1.Buttons("TBold").Value = IIf(RichTextBox1.SelBold, tbrPressed, tbrUnpressed)
        frmMDI.Toolbar1.Buttons("TItalic").Value = IIf(RichTextBox1.SelItalic, tbrPressed, tbrUnpressed)
        frmMDI.Toolbar1.Buttons("TUnderline").Value = IIf(RichTextBox1.SelUnderline, tbrPressed, tbrUnpressed)
    End Sub
```

模块代码：

'SaveFile 方法把 RichTextBox 控件的内容存入文件。

'格式：object.SaveFile(pathname, filetype)

'rtfRTF 0 （默认）RTF。RichTextBox 控件把它的内容存为一个 .rtf 文件。

'rtfText 1 文本。RichTextBox 控件把它的内容存为一个文本文件。

```vb
Option Explicit
Public boolDirty As Boolean    '判断 richTextBox 的内容是否改变


Public Sub FileNewProc()
    Static No As Integer
    Dim NewDoc As New frmMDIChild
'    Dim NewDoc As Form
'    Set NewDoc = New frmMDIChild
    No = No + 1
    NewDoc.Caption = "No" & No
    NewDoc.Show
End Sub
Public Sub PasteProc()
    frmMDI.ActiveForm.ActiveControl.SelText = Clipboard.GetText
End Sub
Public Sub CopyProc()
    Clipboard.SetText frmMDI.ActiveForm.ActiveControl.SelText
End Sub
Sub FileOpenProc()
    On Error GoTo err
    If frmMDI.ActiveForm Is Nothing Then FileNewProc
    With frmMDI.ActiveForm
        .CommonDialog1.Filter = "RTF 文件(*.rtf)|*.rtf|TXT 文件(*.txt)|*.txt"
        .CommonDialog1.Action = 1
        If .CommonDialog1.FilterIndex = 1 Then
            .RichTextBox1.LoadFile .CommonDialog1.FileName
        Else
            .RichTextBox1.LoadFile .CommonDialog1.FileName, 1
        End If
        .Caption = .CommonDialog1.FileName
    End With
err:
End Sub
Public Sub FileSaveProc()
    'On Error GoTo err
    'If boolDirty Then
        With frmMDI.ActiveForm
            .CommonDialog1.Filter = "RTF 文件(*.rtf)|*.rtf|TXT 文件(*.txt)|*.txt"
```

```
            .CommonDialog1.FileName = "default"
            .CommonDialog1.FilterIndex = 1
            .CommonDialog1.Action = 2
            If .CommonDialog1.FilterIndex = 1 Then
                .RichTextBox1.SaveFile .CommonDialog1.FileName
            Else
                .RichTextBox1.SaveFile .CommonDialog1.FileName, 1
            End If
        End With
    'End If
'err:
End Sub
```

第 6 章　图形操作

在软件开发人员使用 Visual Basic 为用户编制专属应用程序的过程中，经常会遇到一些特殊领域专用的图形绘制任务。这些任务往往具有一定的特殊性，并且在用户应用程序中具有不可回避，不可替代的作用。因此，利用 Visual Basic 语言完成图形操作是 Visual Basic 程序员必须掌握的内容。Visual Basic 图形操作共包含 5 大部分，分别为绘制坐标系、常用绘图控件、绘图方法、键盘事件、鼠标事件。下面就以工程任务的形式对这几大部分进行逐一介绍。

6.1　项目　绘制坐标系

📖 项目说明

某软件公司接到了一个为某省地质勘测局编制矿产勘测软件的工程项目。在此软件中，用户要求以图形方式显示该省内矿产分布情况，地图中矿产分布区域位置与中心点的距离精确到百米精度。根据用户需求，决定以矿场分布中心点为原点，在地图中以坐标系的方式进行矿产分布说明。同时，为方便使用者操作，决定在程序实现时，为用户提供默认公用坐标系和用户自定义坐标系两种显示方式。根据工程任务，下面介绍一下在窗体上绘制出默认坐标系统和用户自定义的坐标系，并标出坐标系统刻度的方法。程序运行界面如图 6-1 所示。

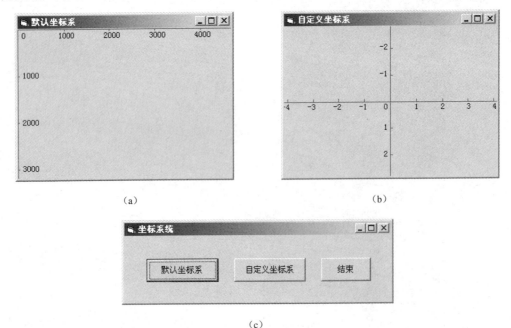

图 6-1　坐标系程序运行结果

✎ 项目分析

坐标系是绘图的基础，图形的定位都依靠坐标系。本程序用三个窗口介绍了 Visual Basic 默认坐标系和自定义坐标系统。首先，在主界面完成窗体绘制，在窗体上添加三个命令按钮控件。这三个按钮分别用来显示默认坐标系窗口、显示自定义坐标系窗口和结束退出程序。用户可以在程序主界面中通过按钮选择默认坐标系和自定义坐标系。

✎ 编程实现

一、界面设计

1. 新建工程，创建三个窗体

各窗体的属性设置见表 6-1。

表 6-1 各窗体属性设置

对象	Name（名称）	Caption
Form1	Formmain	坐标系统
Form2	Formdef	默认坐标系
Form3	Formuser	自定义坐标系

2. 将控件添加到窗体上，并设置属性值

在窗体 Form1 中添加三个命令按钮，其属性值设置见表 6-2。

表 6-2 按钮控件参数值设置

对象	Name（名称）	Caption
Command1	Comdef	默认坐标系
Command 2	Comuser	自定义坐标系
Command 3	Comend	结束

二、事件过程代码

1. 在窗体内添加事件驱动代码

（1）FormMain 窗体代码如下：

```
Private Sub Comdef_Click()
    Formdef.Show
    Formuser.Hide
End Sub

Private Sub Comuser_Click()
```

```
            Formuser.Show
            Formdef.Hide
        End Sub

        Private Sub Comend_Click()
            End
        End Sub
```
（2）"默认坐标系"窗体代码如下：
```
        Private Sub Form_Paint()
            Me.CurrentX = 20
            Me.CurrentY = 40
            Print 0
            Line (0, 0)-(0, Me.ScaleHeight), RGB(255, 0, 0)
            Line (0, 0)-(Me.ScaleWidth, 0), RGB(255, 0, 0)

            For xt = 0 To Int(Me.ScaleWidth) Step 1000
                Me.CurrentX = xt - 200
                Me.CurrentY = 40
                If xt <> 0 Then Print xt
                Line (xt, 0)-(xt, 50), RGB(255, 0, 0)
            Next xt

            For yt = 0 To Int(Me.ScaleHeight) Step 1000
                Me.CurrentX = 20
                Me.CurrentY = yt - 100
                If yt <> 0 Then Print yt
                Line (0, yt)-(50, yt), RGB(255, 0, 0)
            Next yt
        End Sub
```
（3）"自定义坐标系"窗体代码如下：
```
        Private Sub Form_Resize()
            Me.ScaleMode = 6
            oldx = Me.ScaleWidth / 2
            Debug.Print oldx
            oldy = Me.ScaleHeight / 2
            Debug.Print oldy
            Me.Cls
            Line (oldx, 0)-(oldx, Me.ScaleHeight), RGB(255, 0, 0)
            Line (0, oldy)-(Me.ScaleWidth, oldy), RGB(255, 0, 0)
```

```
            Me.CurrentX = oldx – 4
            Me.CurrentY = oldy + 0.5
            Print 0
            For xt = –Int(oldx) To Int(oldx)
                If xt <> 0 Then
                    st = xt * 10
                    Me.CurrentX = oldx + st – 2
                    Me.CurrentY = oldy + 0.5
                    Print xt
                    Line (oldx + st, oldy – 1)–(oldx + st, oldy), RGB(255, 0, 0)
                End If
            Next xt
            For yt = Int(oldy) To –Int(oldy) Step – 1
                If yt <> 0 Then
                    st = yt * 10
                    Me.CurrentX = oldx – 4
                    Me.CurrentY = oldy + st – 2
                    Print yt
                    Line (oldx, oldy + st)–(oldx + 1, oldy + st), RGB(255, 0, 0)
                End If
            Next yt
        End Sub
```

学习支持

坐标系统

在 Visual Basic 中，每个对象定位于存放它的容器内，对象定位都要使用容器的坐标系，对象的 Left、Top 属性指示了该对象在容器内的位置。例如，窗体处于屏幕内，屏幕就是窗体的容器，如图 6-2 所示。在窗体内绘制控件，窗体就是容器。如果在图形框内绘制图形，图形框就是容器。对象只能在容器界定的范围内变动。当移动容器时，容器内的对象也随着一起移动，并且与容器的相对位置保持不变。

每个容器都有一个坐标系。构成坐标系的三要素为坐标原点、坐标度量单位、坐标轴的长度与方向。

Visual Basic 的默认坐标系为左手系，坐标原点在窗体的左上角。水平为 x 轴坐标，向右递增；垂直为 y 轴坐标，向下递增。窗体 ScaleLeft、ScaleTop、ScaleHeight、ScaleWidth 属性表示窗体的坐标系。ScaleLeft, ScaleTop 表示窗体左上角的坐标；ScaleWidth, ScaleHeight 表示窗体的宽度和高度。由此可以求出窗体右下角坐标为 ScaleLeft+ScaleWidth, ScaleTop+ScaleHeight。

例如：

图 6-2 窗体在屏幕内

说明：对于窗体和图片框来说，坐标系只用于其内部，不包括边框和窗体的标题栏。但是，对于打印机来说，其坐标系可以延伸到打印纸的边界。

坐标系的度量单位为标度。Visual Basic 提供了 8 个标度。标度 ScaleMode 的属性设置见表 6-3。

表 6-3 标度 ScaleMode 的属性设置

属性值	常数	说明
0	VbUser	自定义坐标系统
1	VbTwips	Twip（默认设置，1 440 twips/Inch,567 twips/cm）
2	VbPoints	磅（72 磅 / Inch）
3	VbPixels	像素（显示分辨率的最小单位）
4	VbCharacters	字符（水平每个单位为 120 twips，垂直每个单位为 240 twips）
5	VbInches	Inch（英寸）
6	VbMillimeters	mm（毫米）
7	VbCentnmeters	cm（厘米）

一般情况下，Visual Basic 的图形方法使用的坐标系统以 Twip（缇）为单位，该系统可以由程序设计人员手动缩放。在传统的程序设计语言中，图形坐标系统通常以像素为单位。像素是组成屏幕上的图形或字符的小点，一个像素是一个小的亮点填充区域。"点"的大小与显示器的分辨率有关。分辨率越高，像素点越小；反之越大。与像素不同，Twip 是逻辑意义上的两条轴线（坐标线）的交点。图 6-3 显示了像素系统与 Twip 系统之间的概念差别。从图中

可以看出，像素占据方格的中心，而 Twip 位于交叉点上。像素坐标系统类似于国际象棋，而 Twip 系统则与中国象棋相仿。ScaleMode 的属性默认为 twip。每英寸 1 440 个 twip，20 个 twip 为 1 磅（point）。这一度量单位规定的是对象打印时的大小，屏幕上的实际物理距离可因显示器的尺寸而发生变化。

度量单位转换可以使用 ScaleX 和 ScaleY 方法，其语法格式为：

对象.ScaleX（转换值，原坐标单位，转换坐标单位）

对象.ScaleY（转换值，原坐标单位，转换坐标单位）

改变容器对象的 ScaleMode 属性值，不会改变容器的大小以及它在屏幕上的位置。设置 ScaleMode 属性值，只是改变容器对象的度量单位。Visual Basic 会重新定义对象坐标度量属性 ScaleWidth，ScaleHeight，以使它们和新刻度保持一致。无论采用哪一种坐标单位，默认的坐标原点为对象的左上角，横向向右为 X 轴正向，纵向向下为 Y 轴正向。

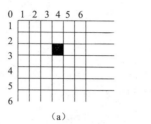 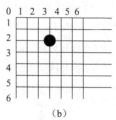

图 6-3　两种坐标系统的比较

（a）像素系统；（b）Twip 系统

自定义坐标系

默认坐标系是以窗体左上角为坐标原点（0，0），坐标值沿水平方向向右为 X 轴正向，沿垂直方向向下为 Y 轴正向。有时候，可能不希望用左上角（0，0）作为坐标原点，或者希望沿垂直方向向上为 Y 轴正向。Visual Basic 允许用户根据需要自定义坐标系统。

定义一个坐标系统，首先应确定坐标系的原点。可以把原点定义在窗体上的任意位置。原点通过 ScaleLeft，ScaleTop 属性定义。默认情况下，这两个属性的值被设置为 0 原点。即以窗体的左上角为坐标原点（0，0）。如果重新设置这两个属性的值，则可定义新的坐标系。其语法格式为：

[对象.]ScaleLeft＝X

[对象.]ScaleTop＝Y

这里的"对象"是窗体或图片框，X 是原点距"对象"左边界的距离，Y 是原点距"对象"顶边的距离。如果省略"对象"，则在窗体内设置坐标原点。例如：

ScaleLeft＝100

ScaleTop＝100

将把坐标原点定义在（100，100）。

有了原点，还必须有"刻度"，即水平方向和垂直方向的设置值。这样才能确定一个点的位置，建立起坐标系统。水平方向和垂直方向的刻度分别用 ScaleWidth 和 ScaleHeight 属性来设置，其语法格式为：

[对象.]ScaleWidth＝宽度

[对象.]ScaleHeight＝高度

上述两个属性分别设置"对象"的宽度和高度。如果省略"对象"，则指的是窗体。例如：

ScaleWidth=1000
ScaleHeight=600

将把窗体的宽度设置为 1 000 个单位，高度设置为 600 个单位。这种情况下，如果有一个文本框的 width 属性为 500，则它的宽度是窗体的一半，如图 6-4 所示。

用 ScaleWidth 和 ScaleHeight 属性设置的宽度和高度，其度量单位是相互独立的。有了原点、宽度和高度，就可以设置坐标系统了。例如：

ScaleLeft=200
ScaleTop=100
ScaleWidth=500
ScaleHeight=400

这样定义的坐标系如图6-5所示。

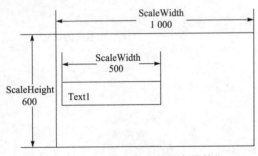
图 6-4　用户自定义的度量单位

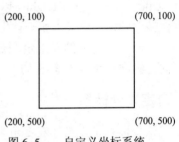
图 6-5　自定义坐标系统

右下角的坐标用下面的方法来计算。
(ScaleLeft+ScaleWidth，ScaleTop+ScaleHeight)
对于上面的例子来说，右下角的坐标为（200+500，100+400），即（700，500）。
上面4个属性的值可以为正数，也可以为负数。例如：

ScaleLeft = 10
ScaleTop= −15
ScaleWidth = 50
ScaleHeight = 40

这样设置的坐标系，其右下角坐标为（10+50，−15+40），即（60，25）。

数学中的笛卡尔坐标系以原点为中心，向左、上增加，向右、下减小。利用前面介绍的4个属性，可以把窗体定义为笛卡尔坐标系。其方法是：把原点（0，0）放在窗体的中心，将ScaleTop属性设置为正值，ScaleLeft属性设置为相应的负值。然后，将ScaleWidth 属性设置为正值，把ScaleHeight属性设置为相应的负值。例如：

ScaleLeft = −100
ScaleTop = 100
ScaleWidth = 200
ScaleHeight = −200

这样就可以把窗体定义为笛卡尔坐标系，如图6-6所示。

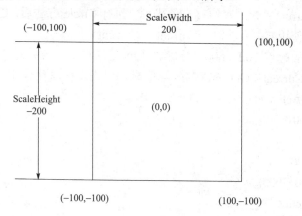

图6-6 笛卡尔坐标系

除了用上述4个属性来设置坐标系外，还可以用Scale方法来设置。其语法格式如下：
[对象.]Scale[(x1，y1)–(x2，y2)]

这里的(x1，y1)和(x2，y2)分别为左上角和右下角的坐标。这4个参数与前面4个属性的对应关系如下：

ScaleLeft=X1

ScaleTop=Y1

ScaleWidth=X2–X1　　或　　X2=X1+ScaleWidth

ScaleHeight=Y2–Y1　　或　　Y2=Y1+ScaleHeight

根据上面的对应关系，可以很容易地把用4个属性定义的坐标系改用Scale方法来定义。例如，上面的笛卡尔坐标系用Scale方法定义为：

Scale(–100,100)–(100，–100)

Scale方法中的"对象"如果省略，则指的是当前窗体。此外，"(x1，y1)–(x2，y2)"也可以省略。这种情况下，恢复为默认坐标系统。即以对象的左上角为原点，以Twip为度量单位。

3. 当前坐标

窗体、图形框或打印机的CurrentX，CurrentY属性给出在绘图时这些对象的当前坐标。设定欲显示文字或图形起始点的水平与垂直坐标，可采用以下格式代码：

[控件.] CurrentX=X

[控件.] CurrentY=Y

取得当前坐标点所在的坐标值，可采用以下格式代码：

X=[控件.] CurrentX

Y=[控件.] CurrentY

说明：

（1）这两个属性在设计阶段不能使用。当坐标系确定后，坐标值（x, y）表示"对象"上的绝对坐标位置。如果坐标值前加上关键字Step，则坐标值(x, y)表示"对象"上的相对坐标位置，即从当前坐标分别平移x, y单位，其绝对坐标值为(CurrentX+x,CurrentY+y)。

(2)执行 Print 方法后,CurrentX 保持不变,CurrentY 为下一行的垂直坐标。执行 Line 方法后,CurrentX,CurrentY 改为直线终点的坐标。执行 Circle 方法后,CurrentX,CurrentY 改为圆的圆心坐标。当使用 Cls 方法时,CurrentX, CurrentY 属性值为 0。

例:先设定直线的起点(200,600),再执行Line方法往右下方相对(500,2000)的地方画直线,然后将当前CurrentX,CurrentY的坐标值显示出来。程序代码如下:

```
Private Sub Form_Activate()
    Print "(200,600)"
    CurrentX = 200
    CurrentY = 600
    Line -Step(500, 2000)
    End_x = CurrentX
    End_y = CurrentY
    Print "("; End_x; End_y; ")"
End Sub
```

颜色设置

要绘制图形,自然离不开颜色。除了在绘图时指定颜色外,多数对象都具有ForeColor(前景色)、BackColor(背景色)、BorderColor(边框色)、FillColor(填充色)等属性。这些属性既可以在设计阶段通过属性窗口设置,也可以在运行阶段通过语句设置。这时,就涉及Visual Basic中颜色的表示方法。

1. RGB 函数

RGB函数通过红、绿、蓝三基色混合产生某种颜色,其语法为:

RGB(red,green,blue)

参数 red、green、blue 均为 0~255 整数,分别表示红、绿、蓝三基色成分的多少。比如,RGB(0,0,0)表示黑色,返回值为&H000000; RGB(255,255,255)表示白色,返回值为&HFFFFFF, RGB(255,255,0)表示黄色,返回值为&HFFFF00,依此类推。理论上讲,RGB 函数可以返回 256×256×256 种颜色,但是,实际使用受到硬件设备的限制。

例 使用 3 个水平滚动条,分别调整红、绿、蓝三基色的色阶(0~255),并将调出的颜色及其 RGB 值分别显示在窗体上。程序运行界面如图 6-7 所示。

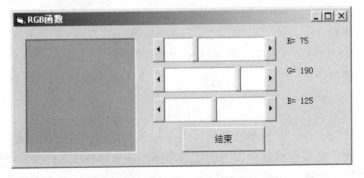

图 6-7 RGB 函数示例程序运行界面

程序代码如下：
```
Private Sub Command1_Click()
    End
End Sub

Private Sub Form_Load()
    Label1 = "R=0"
    Label2 = "G=0"
    Label3 = "B=0"
    Picture1.BackColor = RGB(0, 0, 0)
End Sub

Private Sub HScroll1_Change()
    Label1 = "R=" + Str(HScroll1.Value)
    Picture1.BackColor = RGB(HScroll1.Value, HScroll2.Value, HScroll3.Value)
End Sub

Private Sub HScroll2_Change()
    Label2 = "G=" + Str(HScroll2.Value)
    Picture1.BackColor = RGB(HScroll1.Value, HScroll2.Value, HScroll3.Value)
End Sub

Private Sub HScroll3_Change()
    Label3 = "B=" + Str(HScroll3.Value)
    Picture1.BackColor = RGB(HScroll1.Value, HScroll2.Value, HScroll3.Value)
End Sub
```

2. QBColor 函数

Visual Basic 是由 Quick BASIC 扩展而成的，保留了 Quick BASIC 的一些功能，QBColor 函数就是其中的一个。该函数模拟 Quick BASIC 向 CGA 屏幕绘图时所使用的颜色。对于熟悉 Quick BASIC 的用户来说，使用这个函数会更方便。

QBColor函数的格式如下：

颜色值＝QBColor(彩色值)

这里的"彩色值"是一个整数，其取值为0～15，共可表示16种颜色，见表6–4。

表6–4　QBColor 函数中颜色码与对应颜色

QB 彩色值	QB 颜色	对应的 RGB 颜色值
0	黑色	RGB(0，0，0)
1	蓝色	RGB(0，0，191)

续表

QB 彩色值	QB 颜色	对应的 RGB 颜色值
2	绿色	RGB(0,191,0)
3	深青色	RGB(0,191,191)
4	红色	RGB(191,0,0)
5	紫红色	RGB(191,0,191)
6	黄色	RGB(191,191,0)
7	白色	RGB(191,191,191)
8	灰色	RGB(64,64,64)
9	淡蓝色	RGB(0,0,255)
10	淡绿色	RGB(0,255,0)
11	淡青色	RGB(0,255,255)
12	淡红色	RGB(255,0,0)
13	淡紫红色	RGB(255,0,255)
14	淡黄色	RGB(255,255,0)
15	亮白色	RGB(255,255,255)

例 利用 **QBColor** 函数，用条状图显示颜色代码 **0～15** 所对应的颜色。

程序代码如下：

```
Private Sub Form_Activate()
    For i = 0 To 15
        Line (50 + i * 400, 50)–Step(399, 3000), QBColor(i), BF
        CurrentX = CurrentX – 399
        Print i
    Next i
End Sub
```

运行结果如图6-8所示。

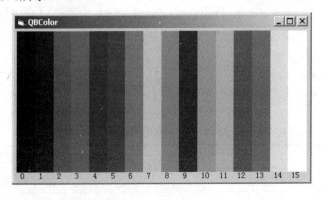

图 6-8　QB 颜色图

知识巩固

例 在窗体上建立4个文本框，分别移到窗体的4个角上，并显示其宽度和高度（相对于窗体）。程序代码如下：

```
Private Sub Form_Load()

    ScaleLeft = 100
    ScaleTop = 100
    ScaleWidth = 300
    ScaleHeight = 300
    Text1.Move 100, 100
    Text1.Text = Str$(Text1.Width)
    Text2.Move 400 – Text1.Width, 400 – Text1.Height
    Text2.Text = Str$(Text2.Height)
    Text3.Move 100, 400 – Text3.Height
    Text3.Text = Str$(Text3.Width)
    Text4.Move 400 – Text4.Width, 100
    Text4.Text = Str$(Text4.Height)

End Sub
```

该例开始几行把窗体左上角的坐标设置为（100，100），右下角坐标设置为（400，400），4个文本框使用的是该窗体的坐标系统。然后把4个文本框分别移到窗体的4个角上，并在左上角和左下角的文本框内显示相应文本框的宽度，在右上角和右下角的文本框内显示其高度。

程序开头的4行用来定义窗体的坐标系统。如果使用Scale方法，则这4行代码可以用下面的一行来代替。

Scale(100，100)–(400，400)

课堂训练与测评

思考：窗体的ScaleWidth、ScaleHeight属性与Width、Height属性有什么区别？

项目完成总结（注意事项）、小贴士

Paint 事件：一个对象被移动或放大之后，或一个覆盖该对象的窗体被移开之后，或该对象部分或全部暴露时，此事件发生。

Resize 事件：一个对象第一次显示，或一个对象的窗口状态改变时，该事件发生。例如，窗体被最大化、最小化、还原。

6.2 项目 时钟

📝 项目说明

利用 Line（直线）和 Shape（形状）控件编制一个时钟程序。程序运行界面如图 6-9 所示。

📝 项目分析

利用 3 个 Line（直线）控件分别做时钟的时针、分针和秒针，用 1 个 Line 控件数组做时钟的整点刻度，用 1 个 Shape（形状）控件做时钟的表盘，用 1 个 Timer 控件控制指针的转动。

图 6-9 时钟程序运行界面

📝 编程实现

一、界面设计

（1）创建一个窗体，窗体属性设置见表 6-5。

表 6-5 窗体属性设置

属 性	设置值	作 用
BackColor	白色	窗体背景色
BorderStyle	4—FixedToolWindow	显示关闭按钮，缩小字体显示标题栏，不能改变大小
Width	4 800	窗体宽度
Height	3 600	窗体高度

（2）窗体中控件属性设置见表 6-6。

表 6-6 窗体中控件属性设置

对象	属性	设置值	对象	属性	设置值
Line1	BorderColor	&H00C0FFC0&	Line3	BorderColor	&H00C0E0FF&
	BorderWidth	4		BorderWidth	2
	X1	2 040		X1	1 920
	Y1	480		Y1	2 760
	X2	2 640		X2	3 240
	Y2	720		Y2	2 400
Line2	BorderColor	&H00C0FFFF&	Line4（0）	BorderColor	&H00FFC0C0&
	BorderWidth	3		BorderWidth	3

续表

对象	属性	设置值	对象	属性	设置值
Line2	X1	600	Shape1	BorderWidth	3
	Y1	1 680		BorderColor	&H00FFC0FF&
	X2	1 200		Shape	3—Circle
	Y2	2 160	Timer	Interval	1 000

二、事件过程代码

程序代码如下：

```
Const pi = 3.14159265358979
Dim h As Integer
Dim m As Integer
Dim s As Integer
Dim t As Date

Private Sub Form_Load()
    cx = Form1.ScaleWidth / 2: cy = Form1.ScaleHeight / 2
    Scale (–cx, cy)–(cx, –cy)
    For i = 1 To 12
        aif = pi * (i – 1) / 6
        Load Line4(i)
        Line4(i).X1 = 1000 * Cos(aif): Line4(i).Y1 = 1000 * Sin(aif)
        Line4(i).X2 = 1200 * Cos(aif): Line4(i).Y2 = 1200 * Sin(aif)
        Line4(i).Visible = True
    Next i
    Timer1_Timer
    t = Time + 1
End Sub

Private Sub Timer1_Timer()
    hh = Hour(Time) Mod 12
    mm = Minute(Time): ss = Second(Time)
    aif = hh * pi / 6 + mm * pi / 360 + ss * pi / 360 * 12 + pi / 2
    Line3.X1 = 100 * Cos(aif): Line3.Y1 = –100 * Sin(aif)
    Line3.X2 = 1000 * Cos(aif – pi): Line3.Y2 = –1000 * Sin(aif – pi)
    aif = mm * pi / 30 + pi / 2
    Line2.X1 = 100 * Cos(aif): Line2.Y1 = –100 * Sin(aif)
```

       Line2.X2 = 800 * Cos(aif – pi): Line2.Y2 = –800 * Sin(aif – pi)
       aif = hh * pi / 6 + mm * pi / 360 + pi / 2
       Line1.X1 = 100 * Cos(aif): Line1.Y1 = -100 * Sin(aif)
       Line1.X2 = 600 * Cos(aif – pi): Line1.Y2 = –600 * Sin(aif – pi)
       Form1.Caption = Time
End Sub

学习支持

直线（Line）

直线 Line 控件用于在窗体、图片框和框架中画各种直线段。既可以在设计阶段通过设置直线的端点坐标属性来画出直线，也可以在程序运行时动态地改变直线 Line 的各种属性。

在设计时，可以使用 Line 控件在窗体上可视化地设置直线的位置、长度、颜色、宽度、线形等属性。程序运行时，不能使用 Move 方法移动 Line 控件，但是可以通过改变 X1、X2、Y1 和 Y2 的值来移动或调整相应的直线。重要属性如下

（1）BorderColor 属性：返回或设置线条的颜色。

（2）BorderStyle 属性：返回或设置线条的线形。其取值范围为 0～6，每个属性值的意义见表 6–7，对应线形如图 6–10 所示。

表 6–7 BorderStyle 属性值及对应含义

常　　　数	设置值	描　　　述
VbTransparent	0	透明
VbBSSolid	1	实线
VbBSDash	2	虚线
VbBSDot	3	点线
VBBSDasDot	4	点画线
VBBSDasDotDot	5	双点画线
vbBSInsideSolid	6	内收实线

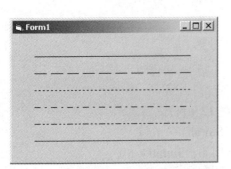

图 6–10　BorderStyle 属性值对应线形

（3）BorderWidth 属性：返回或设置线条的宽度。其值为 1～8，单位为像素。只有在 BorderStyle 属性值为 1 或 6 两种情况时，BorderWidth 属性才起作用。其他情况下，BorderWidth 属性自动被设置为 1。

形状（Shape）

Shape 控件可以用来画矩形、正方形、圆形、椭圆、圆角矩形以及圆角正方形。当 Shape 控件放到窗体上时显示为一个矩形。通过设置 Shape 属性可确定所需要的几何形状。Shape 控件跟

Line 控件一样，不支持任何事件，只用于表面装饰。可以在设计阶段通过设置属性来确定需要显示的几何图形，也可以在程序运行时修改属性以动态地显示图形。重要属性如下。

（1）Shape 属性：其值可以改变控件的几何形状。各属性值意义见表 6–8。

表 6–8　Shape 属性值及对应含义

常　数	属性值	描　述
VbShapeRectangle	0	矩形
VbShapeSquare	1	正方形
VbShapeOval	2	椭圆形
VbShapeOval	3	圆形
VbShapeRoundedRectangle	4	圆角矩形
vbShapeRoundedSquare	5	圆角正方形

（2）FillStyle 属性：其值可以改变 Shape 控件内的填充样式，如图 6–11 所示。

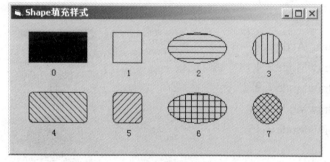

图 6–11　Shape 控件填充样式示意图

（3）DrowMode 属性：设定形状的显示效果。其属性值意义见表 6–9。

表 6–9　DrowMode 属性值及意义

常　数	属性值	描　述
VbBlackness	1	黑色
VbNotMergePen	2	非或笔——设置值15的反相
VbMaskNotPen	3	与非笔——背景颜色以及画笔颜色反相两者共有的颜色组合
VbNotCopyPen	4	非复制笔——设置值13的反相
VbMaskPenNot	5	与笔非——画笔颜色以及显示颜色反相两者共有的颜色组合
VbInvert	6	反转——显示颜色的反相
VbXorPen	7	异或笔——画笔颜色以及显示颜色的组合，只取其一
VbNotMaskPen	8	非与笔——设置值9的反相
VbMaskPen	9	与笔——画笔颜色以及显示颜色两者共有颜色的组合
VbNotXorPen	10	非异或笔——设置值7的反相
VbNop	11	无操作——输出保持不变，该设置实际上关闭画图

续表

常数	属性值	描述
VbMergeNotPen	12	或非笔——显示颜色与画笔颜色反相的组合
VbCopyPen	13	复制笔——由ForeColor属性指定的颜色
VbMergePenNot	14	或非笔——画笔颜色与显示颜色相反的组合
VbMergePen	15	或笔——画笔颜色与显示颜色的组合
vbWhiteness	16	白色

知识巩固

例 DrawMode 属性示例程序

当 DrawMode 值不同时，两个图形在画面上的重合区域，显示出不同的效果，如图 6-12 所示。

程序代码如下：
```
Private Sub Form_Activate()
    Shape1.DrawMode = 4
    Shape2.DrawMode = 9
    Shape3.DrawMode = 11
    Shape4.DrawMode = 15
End Sub
```
说明：

（1）窗体中共有 8 个实心圆形的 Shape 控件，4 个在上面，4 个在下面。在下面的 4 个分别以 Shpdown1～Shpdown4 命名，BackColor 属性为&HFF0000&(蓝色)。

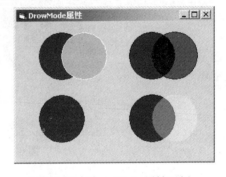

图 6-12 DrowMode 属性示例

（2）在上面的 4 个分别以 Shape1～Shape4 命名，BackColor 属性为&H0000FF&(红色)。

（3）根据代码观察图形显示效果可知，不同的 DrawMode 值，在画面上重叠区显示出不同逻辑运算的结果。

BorderColor 属性：设置边框颜色。
FillColor 属性：填充颜色。
BorderStyle 属性：边框样式。
BorderWidth 属性：边框宽度。

课堂训练与测评

用 Shape 控件数组产生奥运五环。程序运行界面如图 6-13 所示。

图 6-13 奥运五环示例程序运行界面

6.3 项目 月亮的起落

📝 项目说明

用图像控件编写程序,实现月亮的升起与落下。月亮每起落一次,月亮的圆缺发生一次变化。

程序中表示月亮圆缺的图片如图 6–14 所示。

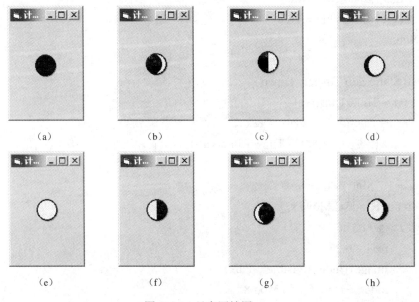

图 6–14 月亮圆缺图

📝 项目分析

利用 1 个 Image 控件数组来实现月亮圆缺的变化。数组的每一个控件元素表示月亮的圆缺的图片。用 1 个 Timer 控件控制图片的切换,实现月亮起落的动画效果。

📝 编程实现

一、界面设计

(1)在窗体上添加 1 个 Image 图像框。然后通过复制粘贴创建 1 个 Image 控件数组 Image1(0)~Image1(7)。设置数组中每一个元素的属性如下:BorderStyle 属性为 0-None,Visible 为 False,Picture 属性分别为图 6–14 所示表示月亮圆缺的图片。

(2)在窗体上添加一个 Timer 控件,用来控制月亮起落的动画效果。界面设计最终效果如图 6–15 所示。

二、事件过程代码

程序代码如下：
Const pi = 3.1415926

```
Private Sub Form_Load()
    Form1.Scale (−1, 1)–(1.5, −0.5)
    Timer1.Interval = 10
    Timer1.Enabled = True
    Image1(0).Visible = True
End Sub

Private Static Sub Timer1_Timer()
    t = t + Timer1.Interval
    Form1.Caption = "计时：" & t & "ms"
    i = i + (2 * pi / (10000 / Timer1.Interval))
    x = 1 * Cos(i)
    y = 1 * Sin(i)
    Image1(Index).Move x, y
    If i > 4.71 Then
        i = i − 6.28
        Image1(Index).Visible = False
        Index = (Index + 1) Mod 8
        Image1(Index).Move x, y
        Image1(Index).Visible = True
    End If
End Sub
```

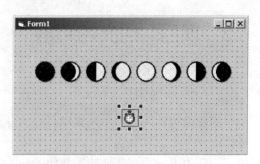

图 6–15　月亮起落程序设计界面

学习支持

图像框（Image）

　　Image（图像框）控件的功能比 Line 和 Shape 控件要多。不但可以显示图片，而且还支持如 Click、DBClick、MouseMove、MouseDown、MouseUp 等常见的事件。

　　Image（图像框）控件可以用来显示来自位图（.BMP）、图标(.ICO)或元文件(.EMF)的图形，也可以显示增强的元文件 JPEG 或 GIF 文件，还可以显示其他控件显示的图形。重要属性如下。

　　（1）Picture 属性：在设计阶段装载并显示图形。可以直接在属性窗口单击浏览文件的"…"按钮选择图形文件。

在运行阶段改变 Image 控件中的图形，需要利用 LoadPicture 函数来设置 Picture 属性。其语法格式为：

LoadPicture（[filename,] [size,][colordepth,[x,y]]）

例如，创建一个图形装载示例程序。运行效果如图 6-16 所示。

Fileame：可选的。字符串表达式指定一个文件名。可以包括文件夹和驱动动器。如果未指定文件名，Load Picture 清除图像或 Picture Box 控件。

Size：可选变体。如果 filewame 是光标或图标文件，指定想要的图像大小。

Colordepth：可选变体。如果 fileame 是光标或图标文件，指定想要的颜色深度。

x：可选变体。如果使用 y，则必须使用。如果 filewame 是一个光标或图标文件，指定想要的宽度。在包含多个独立图像的文件中，如果那样大小的图像不能得到时，则使用可能的最好匹配。只有当 colordepth 设置为 vbLPCustom 时，才使用 x 和 y 值。

y：可选变体。如果使用 x，则必须使用。如果 filewame 是一个光标或图标文件，指定想要的高度。在包含多个独立图像的文件中，如果那样大小的图像不能得到时，则使用可能最好的匹配。文件（.emt）、GIF（.gif）文件和 JPEG（.jpg）文件。

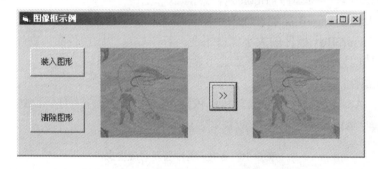

图 6-16　图形装载示例程序运行效果

程序代码如下

```
Private Sub Comcls_Click()
    Image1.Picture = LoadPicture
End Sub


Private Sub Comload_Click()
    Image1.Picture = LoadPicture("c:\windows\Gone Fishing.bmp")
End Sub


Private Sub Comtrans_Click()
    Image2.Picture = Image1.Picture
End Sub
```

（2）Stretch 属性：决定 Image 控件是否会把加载到 Picture 属性中的图片缩放到控件本身

大小后显示。此属性是一个 Boolean 值。
① False：加载图形后，将 Image 控件的大小改变成图形的大小。
② True：加载图形后，缩放图片显示的大小使其符合 Image 控件的大小。
（3）Appearance 属性：设置图像框控件是否具有三维效果。
① 0：平面。
② 1：3D 立体。
（4）BorderStyle 属性：设置图像框控件是否显示边框。

图片框（PictureBox）

PictureBox 控件和 Image 控件相似，都可以用来显示图形，并且两者支持的图形格式也相同。PictureBox 的功能比 Image 要强大。下面将详细介绍。

1. 常用属性

PictureBox 没有 Stretch 属性，取而代之的是 AutoSize 属性。

（1）AutoSize 属性：其值为 Boolean。
① True：改变 PictureBox 控件的大小以适应载入图片的尺寸。
② False：PictureBox 控件的大小保持不变。若图片尺寸比控件大，则超出部分会被裁剪掉；若图片尺寸比控件小，则按图片原大小显示在控件左上角。

（2）Align 属性：对齐方式。

只要设置了 Align 属性，Picture 就可以依附在窗体的上下左右任一个边上，像 Windows 中的工具栏一样。Align 属性值及对应含义见表 6-10。

表 6-10　Align 属性值及对应含义

常量名称	属性值	描述
VbAlignNone	0	无，可以自定义大小及位置
VbAlignTop	1	显示在窗体的顶端，其宽度等于窗体的ScaleWidth属性值，高度可自定义
VbAlignBottom	2	显示在窗体的底部，其宽度等于窗体的ScaleWidth属性值，高度可自定义
VbAlignLeft	3	显示在窗体左边缘，其高度等于窗体ScaleHeight属性值，宽度可自定义
vbAlignRight	4	显示在窗体右边缘，其高度等于窗体ScaleHeight属性值，宽度可自定义

2. 可以作为容器

PictureBox 可以像 Form（窗体）、Frame（框架）一样作为其他控件的容器，并且拥有自己的坐标系。可以在 PictureBox 中创建控件、输出文本和绘图。这些都是 Image 控件不支持的。

3. 文字的输出

在 PictureBox 中输出文本与在窗体中输出文本一样，使用 Print 方法。其格式为：
[Object.]Print [outputlist] [｛；｜，｝]
Object 参数是可选项。如果省略，则表示 Print 方法应用于当前窗体。

outputlist 参数是显示在窗体或图片上的文本。

在使用 Print 方法之前，可以先使用 TextHeight 和 TextWidth 方法计算出要输出文本的高度和宽度，从而可以更准确地定义输出位置。语法格式为：

[Object.]TextHeight (String)

[Object.]TextWidth(String)

知识巩固

例 创建一个交通局交通管理模拟显示软件

利用 Timer 控件设计自动"红绿灯"程序。运行界面如图 6-17 所示。

(1) 建立程序界面与设置属性。

在窗体中添加两个图像控件 Image1、Image2，一个计时器 Timer1，一个命令按钮 Command1，一个框架 Frame1 和一个图像控件数组 Image3(0)～Image3(2)。然后选中 Frame1，在其中加入一个标签 Label1，如图 6-18 所示。

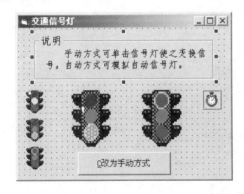
图 6-17 交通灯程序运行界面

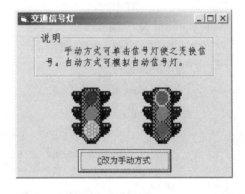
图 6-18 交通灯程序设计界面

(2) 程序代码如下：

```
Private Sub Command1_Click()
    If Command1.Caption = "&C 改为手动方式" Then
        Command1.Caption = "&C 改为自动方式"
        Timer1.Enabled = False
    Else
        Command1.Caption = "&C 改为手动方式"
        Timer1.Enabled = True
    End If

End Sub


Private Sub Image1_Click()
    If Timer1.Enabled = False Then
```

```
                u = Image1.Tag
                Select Case u
                    Case 1
                        Image1.Picture = Image3(0).Picture
                        Image1.Tag = 2
                    Case 2
                        Image1.Picture = Image3(1).Picture
                        Image1.Tag = 3
                    Case 3
                        Image1.Picture = Image3(2).Picture
                        Image1.Tag = 1
                End Select
            End If
    End Sub

    Private Sub Image2_Click()
            If Timer1.Enabled = False Then
                u = Image2.Tag
                Select Case u
                    Casc 1
                        Image2.Picture = Image3(0).Picture
                        Image2.Tag = 2
                    Case 2
                        Image2.Picture = Image3(1).Picture
                        Image2.Tag = 3
                    Case 3
                        Image2.Picture = Image3(2).Picture
                        Image2.Tag = 1
                End Select
            End If
    End Sub

    Private Sub Timer1_Timer()
        Static t As Integer
        t = t + 1
        Select Case t
            Case 1
                Image1.Picture = Image3(0).Picture
                Image1.Tag = 1
```

```
            Case 12
                Image1.Picture = Image3(1).Picture
                Image1.Tag = 2
            Case 15
                Image1.Picture = Image3(2).Picture
                Image1.Tag = 3
            Case 16
                Image2.Picture = Image3(0).Picture
                Image2.Tag = 1
            Case 27
                Image2.Picture = Image3(1).Picture
                Image2.Tag = 2
            Case 30
                Image2.Picture = Image3(2).Picture
                Image2.Tag = 3
            Case 31
                t = 0
        End Select
    End Sub
```

课堂训练与测评

思考：Picture 控件和 Image 控件有什么区别？

6.4 项目 绘制比例图

项目说明

通过文本框输入 3 种商品的销售量，显示商品销售比例的饼图或柱形图。程序运行结果如图 6-19 和图 6-20 所示。

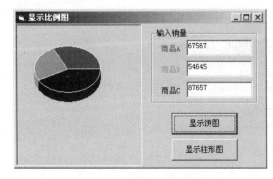

图 6-19 饼图方式显示

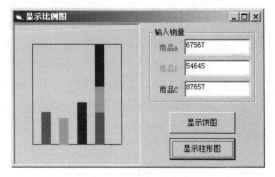

图 6-20 柱形图方式显示

📝 项目分析

要显示销售比例，首先应计算各商品销售量在销售总量中所占的比例，然后再分别画出饼图和柱形图。饼图可以用 Circle 方法实现，而柱形图可以用 Line 方法实现。

📝 编程实现

一、界面设计

在窗体中添加一个图片框 Picture1、一个框架 Frame1、和两个命令按钮 Command1、Command2。然后选中 Frame1，在其中添加一个文本框数组 Text1(0)～Text1(2)和三个标签 Label1、Lable2、Label3。

二、事件过程代码

```
Private Sub Command1_Click()
    Picture1.Cls
    Dim a As Single, b As Single, c As Single
    a = Val(Text1(0).Text)
    b = Val(Text1(1).Text)
    c = Val(Text1(2).Text)
    x = a + b + c
    If c = 0 Then Exit Sub
    a = a / x
    b = b / x
    c = c / x
    Call hb(a, b)
End Sub
Private Sub hb(a As Single, b As Single)
    Const pi = 3.14159
    Picture1.FillStyle = 0
    For i = 0 To 200
        Picture1.FillColor = vbRed
        Picture1.Circle (1200, 1200 – i), 800, vbRed, –2 * pi, –2 * pi * a, 2 / 3
        Picture1.FillColor = vbGreen
        Picture1.Circle (1200, 1200 – i), 800, vbGreen, –2 * pi * a, –2 * pi * (b + a), 2 / 3
        Picture1.FillColor = vbBlue
        Picture1.Circle (1200, 1200 – i), 800, vbBlue, –2 * pi * (a + b), –2 * pi, 2 / 3
    Next
    Picture1.FillColor = vbRed
```

```
        Picture1.Circle (1200, 1200 – i), 800, vbWhite, –2 * pi, –2 * pi * a, 2 / 3
        Picture1.FillColor = vbGreen
        Picture1.Circle (1200, 1200 – i), 800, vbWhite, –2 * pi * a, –2 * pi * (b + a), 2 / 3
        Picture1.FillColor = vbBlue
        Picture1.Circle (1200, 1200 – i), 800, vbWhite, –2 * pi * (a + b), –2 * pi, 2 / 3
End Sub

Private Sub ht(a As Single, b As Single, c As Single)
    Picture1.Scale (–20, 120)–(120, –20)
    Picture1.FillStyle = 0
    Picture1.Line (0, 0)–(0, 100)
    Picture1.Line (0, 0)–(100, 0)
    Picture1.Line (0, 100)–(100, 100)
    Picture1.Line (100, 100)–(100, 0)
    Picture1.FillColor = vbRed
    Picture1.Line (10, 0)–(20, a), vbRed, B
    Picture1.Line (70, 0)–(80, a), vbRed, B
    Picture1.FillColor = vbGreen
    Picture1.Line (30, 0)–(40, b), vbGreen, B
    Picture1.Line (70, a)–(80, a + b), vbGreen, B
    Picture1.FillColor = vbBlue
    Picture1.Line (50, 0)–(60, c), vbBlue, B
    Picture1.Line (70, a + b)–(80, a + b + c), vbBlue, B
End Sub

Private Sub Command2_Click()
    Picture1.Cls
    Dim a As Single, b As Single, c As Single
    a = Val(Text1(0).Text)
    b = Val(Text1(1).Text)
    c = Val(Text1(2).Text)
    x = a + b + c
    If c = 0 Then Exit Sub
    a = a / x * 100
    b = b / x * 100
    c = c / x * 100
    Call ht(a, b, c)
End Sub
```

学习支持

画点 Pset

Pset 方法的语法格式为：Object.Pset[Step](x,y) [,color]

其中 Object 可以是图片框、窗体或打印机对象，指定在哪个对象上画点。默认为当前窗体。

Step 和（x, y）指定画点的坐标。其中（x, y）是必须的。如果未指明 Step，则(x, y)为绝对坐标，即在坐标(x, y)处画点；如果指明 Step，则(x, y)为相对坐标（相对绘图坐标），即在（CurrentX+x, CurrentY+y）处画点。

参数 Color 可选，指定点的颜色。如果省略，则使用当前 ForeColor 属性值。可用 RGB 函数或 QBColor 函数指定颜色。

可从用 Pset 方法清除单一像素。确定要清除像素的坐标，并用 BackColor 属性设置作为 Color 参数。例如：

Picture1.Pset (20,50), Picture1.BackColor

画线 Line

Line 方法的语法格式为：

Object.Line [Step](x1,y1)–[Step](x2,y2) [,color]

其中[Step](x1,y1)和 [Step](x2,y2)指定了直线的两个端点坐标。具体设置同 Pset 方法。

执行 Line 方法后，CurrentX 和 CurrentY 属性被设置为终点坐标的 x2 和 y2 值。

画矩形 Line

画矩形 Line 方法的语法格式为：

Object.Line [Step](x1,y1)–[Step](x2,y2) [,color]，B[F]

B 表示以[Step] (x1,y1) 和[Step](x2,y2)为矩形的对角点画矩形，参数 Color 指定了矩形边框线的颜色。

可选参数 F 选项规定矩形以矩形边框的颜色填充。不能不用 B 而只用 F。如果不用 F 而只用 B，则矩形用 Object 当前的 FillColor 和 FillStyle 填充。FillStyle 的默认值为 Transpatent(透明)。

比如：Line (500,500)–Step(1000,1000), B   将画一个边长为 500 的正方形。

而 Line (500,500)–Step(1000,500), BF   将画一个长 1 000，宽 500 的实心矩形。

画圆 Circle

使用 Circle 方法画圆的语法格式为：

Object. Circle [Step](x,y),Radious [,color]

其中[Step](x,y)指明了圆心的坐标，Radious 为圆的半径，color 则指明了圆边线的颜色。

执行 circle 方法，CurrentX 和 CurrentY 属性被设置为圆心坐标对应的 x 和 y 值。

画圆弧

使用 Circle 方法画圆弧的语法格式为：

Object. Circle [Step](x,y),Radious [,color],Start,End

其中参数 Start 和 End 指定了圆弧的起始角度和终止角度,以弧度为单位(弧度与角度的换算关系是将度数乘以 PI/180)。如果 Start 和 End 为负数,Visual Basic 将会画出从圆心到圆弧端点的连线。

画椭圆

使用 Circle 方法画椭圆的语法格式为:

Object. Circle [Step](x,y),Radious, [color],[Start],[End], Aspect

其中参数 Aspect 为圆的方位比,指定了圆的水平长度和垂直长度之比,可以是小于 1 的小数,但不可以是负数。

如果同时指定 Start 和 End,则会画出一段椭圆的圆弧。

清除图片内容

使用 Cls 方法可以清除图片框中用绘图方法产生的图形。

知识巩固

例 建立窗体坐标系,用 Line 方法绘制 $-2\pi \sim 2\pi$ 的正弦曲线

绘制的正弦曲线如图 6-21 所示。

(1)坐标系定义采用 Scale 方法。由于要求坐标原点在中央,而要绘制的正弦曲线在($-2\pi \sim 2\pi$)之间,考虑到四周的空隙,X 轴的范围可定义在 (-8,8),Y 轴的范围可定义在 (-2,2) 之间。采用 Scale (-8,2)-(8,-2)定义坐标系。

(2)坐标轴用 Line 方法画出。

(3)X 轴上坐标刻度线两端点的坐标满足(i,0) 和(i,y0)。其中 y0 为一定值。可用循环语句变化 i 的值来标记 X 轴上的坐标刻度。用同样方法处理 Y 轴上坐标刻度。

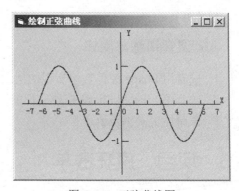

图 6-21 正弦曲线图

(4)坐标轴上刻度的数字标识,可通过 CurrentX、CurrentY 属性设定当前位置,然后用 Print 输出对应的数字。标识数字可结合(3)中循环一起完成。

(5)正弦曲线可用 Line 方法或 Pset 方法画出,为使曲线光滑,相邻两点的间距应适当小。本题用 Line 方法绘制正弦曲线,相邻两个 x 点的间距取 0.01。

程序代码如下:
Private Sub Form_Click()
    Cls
    Form1.Scale (-8, 2)-(8, -2)
    Line (-7.5, 0)-(7.5, 0)

```
        Line (0, 1.9)–(0, –1.9)
        CurrentX = 7.5: CurrentY = 0.2: Print "X"
        CurrentX = 0.5: CurrentY = 2: Print "Y"
        For i = –7 To 7
            Line (i, 0)–(i, 0.1)
            CurrentX = i – 0.2: CurrentY = –0.1: Print i
        Next i
        For i = –1 To 1
            If i <> 0 Then
                CurrentX = –0.7: CurrentY = i + 0.1: Print i
                Line (0.5, i)–(0, i)
            End If
        Next i
        CurrentX = –6.283: CurrentY = 0
        For i = –6.283 To 6.283 Step 0.01
            x = i: y = Sin(i)
            Line –(x, y)
        Next i

End Sub
```

课堂训练与测评

1. 试着用 Shape 控件数组实现的奥运五环改为用 Circle 方法实现。
2. 试着用 Line 和 Shape 控件实现的时钟改为用绘图方法实现。
3. 在窗体上画出正五角星。

6.5 项目　疯狂赛车

项目说明

实现一个简单小游戏：疯狂赛车。通过按键盘的方向键，来控制图片移动。

项目分析

本程序利用键盘方向键控制赛车图片行进。
方向：KeyUp 赛车向左移 100 Twip
KeyDown 赛车向右移 100 Twip
KeyLeft 赛车向后移 100 Twip
KeyRight 赛车向前进 100 Twip

编程实现

一、界面设计

疯狂赛车游戏的运行界面如图 6-22 所示。

二、事件过程代码

程序代码如下：

```
Const KeyUp = 38
Const KeyDown = 40
Const keyright = 39
Const keyleft = 37
Dim picx
Dim picy
Private Sub Command1_Click()
    End
End Sub


Private Sub Form_Load()
    picx = Picture1.Left
    picy = Picture1.Top
End Sub



Private Sub Picture1_KeyDown(KeyCode As Integer, Shift As Integer)
    Cls
    Print "KeyCode:"; KeyCode; "Shift"; Shift
    Select Case KeyCode
        Case KeyUp
            Picture1.Top = Picture1.Top – 100
        Case KeyDown
            Picture1.Top = Picture1.Top + 100
        Case keyright
            Picture1.Left = Picture1.Left + 100
        Case keyleft
            Picture1.Left = Picture1.Left – 100
    End Select
End Sub
Private Sub Picture1_KeyUp(KeyCode As Integer, Shift As Integer)
```

图 6-22　疯狂赛车程序运行界面

        Picture1.Top = picy
        Picture1.Left = picx
End Sub

学习支持

KeyDown 事件和 KeyUp 事件

在电脑游戏中，按下某个按键不放发射子弹（触发 KeyDown 事件），放开按键停止发射子弹（触发 KeyUp 事件）。为了达到这个功能，必须将发射子弹的程序写在 KeyDown 事件内，将停止发射子弹的程序写在 KeyUp 事件内。要检查按下的哪个按键，可以使用 Keypress 事件。

（1）KeyDown 事件：按下按键时触发该事件。

（2）KeyUp 事件：释放按键触发该事件。

KeyDown 事件和 KeyUp 事件过程形式如下：

Private Sub 对象_KeyDown(KeyCode As Integer, Shift As Integer)

Private Sub 对象_KeyUp(KeyCode As Integer, Shift As Integer)

说明：

（1）KeyCode 参数值是键盘按键的扫描码，表示事件过程用户所操作的按键。例如：不管键盘处于小写状态还是大写状态，用户在键盘按"A"键，KeyCode 参数值相同。对于有上档字符和下档字符的按键，为下档字符的 ASCII 码。表 6–11 列出部分字符的 KeyCode 和 KeyAscii 码，以供区别。

表 6–11　部分字符的 KeyCode 及 KeyAscii 对应值

字　符	KeyCode	KeyAscii
"A"	&H41	&H41
"a"	&H41	&H61
"5"	&H35	&H35
"%"	&H35	&H25
"1"（大键盘上）	&H31	&H31
"1"（数字键盘上）	&H61	&H31

（2）Shift：返回值为 Shift、Ctrl、Alt 键是否被按下的情形，见表 6–12。

表 6–12　Shift 参数值及含义

Shift值	键盘上被按下的按键
0	此三种键没按下
1	Shift　键按下
2	Ctrl　键按下
3	Shift+Ctrl　键同时按下

续表

Shift值	键盘上被按下的按键
4	Alt 键按下
5	Shift+Alt 键同时按下
6	Ctrl+Alt 键同时按下
7	Shift+Ctrl+Alt 3键同时按下

Keypress 事件

用户按下并且释放一个会产生 ASCII 码的按键时该事件被触发。这些按键见表 6–13。

表 6–13 KeyPress 事件对应按键

合法的按键	KeyAscii 码值
可打印出的键盘的字符（数字、大小写字母等）	字符的ASCII码
Ctrl+A ～ Ctrl+Z	1～26
Enter 和 Ctrl+Enter	13和10
BackSpace 和 Ctrl+BackSpace	8（退格键）和127
Tab	9

Keypress 事件过程如下：
Private Sub 对象_KeyPress(KeyAscii As Integer)
说明：（1）KeyAscii：返回键盘上被按下按键的 ASCII 码值。
（2）如果该事件程序中更改 KeyAscii 参考内容，则显示的字符也跟着更改。
（3）若将 KeyAscii 的值设为 0，则清除输入的字符。

知识巩固

例 设计三个文本框，分别对输入的字符加以限制

在第一个文本框允许输入任何字符，但只将小写字母改成大写，其他字符不变。

在第二个文本框允许输入任何字符，但只将大写字母改成小写，其他字符不变。

在第三个文本框只允许输入数字及小数点（如：3.1415926），如果输入的不是数字，则光标不移动，且不显示所输入的字符。

（1）设计如图 6–23 所示的程序界面。
（2）程序代码如下：
Private Sub Command1_Click()
　　Text1 = ""

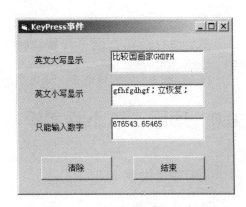

图 6–23 KeyPress 事件程序运行界面

```
        Text2 = ""
        Text3 = ""
End Sub
Private Sub Command2_Click()
        End
End Sub
Private Sub Text1_KeyPress(KeyAscii As Integer)
        If KeyAscii >= 97 And Key <= 122 Then
            KeyAscii = KeyAscii – 32
        End If
End Sub
Private Sub Text2_KeyPress(KeyAscii As Integer)
        If KeyAscii >= 65 And KeyAscii <= 90 Then
            KeyAscii = KeyAscii + 32
        End If
End Sub
Private Sub Text3_KeyPress(KeyAscii As Integer)
        If KeyAscii < 48 Or KeyAscii > 57 Then
            If KeyAscii <> 46 Then
            KeyAscii = 0
            End If
        End If
End Sub
```

课堂训练与测评

1. 编写程序，要求在文本框中输入的全部是数字。

2. 如果在 KeyDown 事件过程中将 KeyCode 设置为 0，KeyPress 的 KeyAscii 参数会不会受影响？

项目完成总结（注意事项）、小贴士

在 Visual Basic 中以下 3 个键盘事件的发生顺序是 KeyDown、KeyPress、KeyUp。

6.6 项目 小小写字板

项目说明

设计一个最简单的写字、画图程序。按住鼠标右键移动可以画圆，按住鼠标左键移动画线和写字。

最终运行效果如图 6-24 所示。

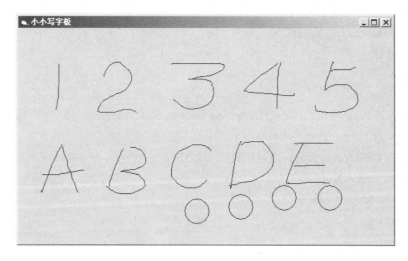

图 6-24　写字板程序运行效果

◈ 项目分析

本程序利用鼠标的 MouseDown、MouseUp、MouseMove 事件实现一个小小的写字板功能。可以用鼠标在窗体上实现图形绘制和练习写字。

◈ 编程实现

添加一个窗体，然后将窗体的 Caption 属性设置为"小小写字板"。其他由程序代码实现。

事件过程代码

程序代码如下：

```
Dim drawstate As Boolean
Dim prex As Single
Dim prey As Single
Private Sub Form_Load()
    drawstate = False
End Sub

Private Sub Form_MouseDown(Button As Integer, Shift As Integer, X As Single, Y As Single)
    If Button = 1 Then
        drawstate = True
        MousePointer = vbCustom
        MouseIcon = LoadPicture(App.Path + "\Icons\Writing\pen04.ico")
        prex = X – 220
        prey = Y + 220
```

```
            End If
            If Button = 2 Then
                Circle (X, Y), 280
            End If
        End Sub

        Private Sub Form_MouseMove(Button As Integer, Shift As Integer, X As Single, Y As Single)
            If drawstate = True Then
                Line (prex, prey)–(X – 220, Y + 220)
                prex = X – 220
                prey = Y + 220
            End If
        End Sub

        Private Sub Form_MouseUp(Button As Integer, Shift As Integer, X As Single, Y As Single)
            If Button = 1 Then
                moustpointer = vbDefault
                drawstate = False
            End If
        End Sub
```

学习支持

鼠标事件

Visual Basic 应用程序能够响应多种鼠标事件。例如，窗体、图片框与图像框控件都能检测鼠标指针的位置，并可判定鼠标左、右键是否按下，还能响应鼠标键与键盘 Shift、Ctrl、Alt 键的各种组合。常用的鼠标事件有以下 3 种。

（1）MouseDown：按下鼠标任意键时触发。
（2）MouseUp：释放鼠标任意键时触发。
（3）MouseMove：鼠标指针移动到屏幕新位置时触发。

程序设计时，需要特别注意的是：这些事件被什么对象识别，即事件发生在什么对象上。当鼠标指针位于窗体中没有控件的区域时，窗体将识别鼠标事件；当鼠标指针位于某个控件上方时，该控件将识别鼠标事件。

上述 3 个鼠标事件对应的鼠标事件过程代码格式如下：

    Private Sub 控件_MouseDown(Button As Integer, Shift As Integer, X As Single, Y As Single)
    Private Sub 控件_MouseUp(Button As Integer, Shift As Integer, X As Single, Y As Single)

```
Private Sub 控件_MouseMove(Button As Integer, Shift As Integer, X As Single, Y As Single)
```

若在鼠标上按下任意键，马上就会触发"MouseDown"事件；若将鼠标键按下再放开，就会触发"MouseUp"事件；无论鼠标是否被按下，只要移动鼠标指针，马上触发"MouseMove"事件。所以，在编写程序时要注意将程序代码写在恰当的事件过程中，并且要避免程序代码重复或互相冲突。

鼠标事件参数描述如下。

（1）Button 参数表示鼠标键被按下或放开的状态，见表 6-14。

表 6-14 Button 参数值及意义

Button值	键盘上被按下的按键
0	没有鼠标键被按下（此值只有在MouseMove事件存在）
1(vbLeftButton)	用户按下了鼠标左键
2(vbRightButton)	用户按下了鼠标右键
4(vbMiddleButton)	用户按下了鼠标中键

（2）Shift 参数包含了 Shift、Ctrl、Alt 键的状态信息,与键盘事件过程中 Shift 参数意义相同。

vbShiftMask(1)、vbCtrlMask(2)、vbAltMask(4)以及它们的逻辑组合可以用来检测这些辅助键。

（3）X,Y 表示这两个值对应于当前鼠标的位置，采用 ScaleMode 属性指定的坐标系。例如，如果按住 Ctrl 键，然后在坐标为（1000，2000）的点上单击鼠标右键，则立刻调用过程 Form_MouseDown，释放鼠标右键时，调用过程 Form_MouseUp。此时，4 个参数的值分别为 vbRightButton, VbCtrlMask、1000 和 2000。

知识巩固

例　编写一个简单的程序，在窗体上用鼠标连续画线

本例中，只使用一个事件就可以完成连续画线的功能。用户按下鼠标左键，画红色的直线；按下鼠标右键，画蓝色的直线。

程学代码如下：

```
Private Sub Form_MouseDown(Button As Integer, Shift As Integer, X As Single, Y As Single)
    Select Case Button
        Case vbLeftButton
            Me.Line –(X, Y), vbRed
        Case vbRightButton
            Me.Line –(X, Y), vbBlue
```

        End Select
End Sub
运行结果如图 6-25 所示。

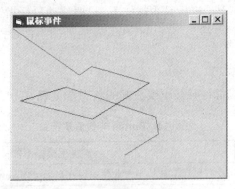

图 6-25　鼠标事件程序运行结果

📖 课堂训练与测评

MouseDown 事件发生在 MouseUp 和 Click 事件之前，但 MouseUp 和 Click 事件发生次序与对象有关。编写一个小程序测试在命令按钮和标签上 MouseDown、MouseUp 和 Click 事件发生的次序。

第 7 章　Visual Basic 多媒体编程

Visual Basic 不仅在设计有关的数据库管理系统程序上有着很出色的表现，在多媒体程序设计上同样不同凡响。本章将学习 Visual Basic 多媒体程序设计有关的知识。

"多媒体"简单的定义：一种能让用户以交互方式对文本、图像、图形、音频、动画、视频等多种信息，通过软硬件设备进行获取、操作、编辑、存储等处理，然后以单独或合成的形态表现出来的技术及方法。

7.1　项目　利用多媒体控件，编写一个 CD 播放器

◇ 项目说明

利用多媒体控件播放光盘上的歌曲。在窗体上添加一个标签和一个多媒体控件，如图 7–1 所示。

◇ 项目分析

◇ 编程实现

一、设计用户界面，设置对象属性

在窗体上添加一个标签和一个多媒体控件 MCI。

图 7–1　CD 播放器运行界面

1. MCI 控件的安装

进入 Visual Basic 环境时，多媒体控件并不存在于工具箱中。需要手动将其添加到工具箱中。执行"工程"→"部件"命令，或在工具箱上右击，从弹出的菜单中选择"部件"命令，打开"部件"对话框。在该对话框的"控件"选项卡中选择"Microsoft Multimedia Control 6.0"复选框，单击"确定"按钮，如图 7–2 所示。

此时，多媒体控件就添加到工具箱中了。多媒体控件通常称为 MCI 控件。MCI 是 Media Control Interface(媒体控件接口)的缩写，为多种多媒体设备提供一个公用接口。MCI 控件管理媒体控制接口，控制设备上的多媒体文件的录制与回放。实际上，MCI 控件就是一组按钮，可以用来向多媒体设备发出 MCI 命令。

当把多媒体控件添加到窗体上时，其外观如图 7–3 所示。它实际上由一系列按钮组成，按钮外观及对应的功能与平常使用的录音机、录像机相似。

根据控件上按钮的顺序（自左向右），将按钮分别定义为 Prev（前一个）、Next（下一个）、Play（播放）、Pause（暂停）、Back（后退一步）、Step（前进一步）、Stop（停止）、Record（记

录）和 Eject（弹出）。

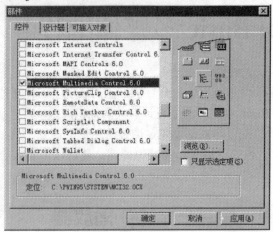

图 7-2 添加"Microsoft Multimedia Control 6.0"控件

图 7-3 多媒体控件

可以在一个窗体中使用多个 MCI 控件，以便控制多台 MCI 设备。每台设备对应一个 MCI 控件。

该程序中对象属性设置见表 7-1。

表 7-1

对象	属性	设置
窗体	（名称）	Form1
	Caption	Form1
标签1	（名称）	Label1
	Caption	现在播放的是CD光盘
多媒体控件	（名称）	MMControl1
	AutoEnable	True
	Enable	True
	Visible	True

二、代码编写

程序代码如下：
Private Sub Form_Load()
    MMControl1.DeviceType = "CDAudio"
    MMControl1.Command = "Open"
End Sub

◎ 学习支持

1. MCI 控件按钮说明

MCI 控件按钮名称及对应含义见表 7-2。

表 7-2 MCI 控件按钮

序号	定义	名称	序号	定义	名称
1	前一个	Prev	6	向前步进	Step
2	下一个	Next	7	停止	Stop
3	播放	Play	8	录制	Record
4	暂停	Pause	9	弹出	Eject
5	向后步进	Back			

2. MCI 控件属性

MCI 控件的属性很多，此处只选择部分与多媒体播放有关的属性介绍，见表 7-3。

表 7-3 MCI 控件的部分属性

属性	属性描述
名称	MMControl1 系统给定的多媒体控件的默认名称
AutoEnable	决定 MCI 控件是否自动启动或禁止控件中的每个按钮。AutoEnable 属性有两个值，即 True 和 False。当被设置为 True 时，控件就会自动检测哪个按钮处在有效的状态，哪个按钮处在无效的状态。当被设置为 False 时，控件不能自动检测按钮的状态，按钮的状态需要用户自己在程序中设计
ButtonEnabled	该属性设定控件上各个按钮的状态是否有效。当属性值为 True 时，按钮处在可用状态。当属性值为 False 时，按钮不可用，并呈现为灰色。（按钮可以是以下任意一种：Back、Eject、Next、Pause、Play、Prev、Record、Step 或 Stop）
ButtonVisible	该属性设置控件上的各按钮是否处在可见状态。当属性值为 False 时，按钮不可见；当属性值为 True 时，按钮是可见的。（按钮可以是以下任意一种：Back、Eject、Next、Pause、Play、Prev、Record、Step 或 Stop）
FileName	指定将要打开的或者将要保存的文件名
Frames	规定每次单击 Step 或 Back 按钮时，能够向前或后退的帧（画面）数，是一个长整型数。在设计时，该属性不可用
Length	该属性返回一个已打开的 MCI 设备上的媒体长度，是一个长整型数。在设计时，该属性不可用
Mode	返回打开的 MCI 设备的当前状态。在设计时，该属性不可用
Orientation	决定控件中的按钮是水平排列，还是垂直排列。0 为水平排列，1 为垂直排列
Position	该属性指定打开的 MCI 设备的当前位置。在设计时，该属性不可用
Silent	该属性设定是否播放声音。False 为播放声音，True 为声音被关闭
Start	该属性返回当前媒体的起始位置。在设计时，该属性不可用
TimeFormat	指定各媒体设备使用的时间格式
From	为 Play 或 Record 命令规定起始点。在设计时，该属性不可用
To	为 Play 或 Record 命令规定结束点。在设计时，该属性不可用
UpdateInterval	指定两次连续的 StatusUpdate 事件之间的间隔，以微秒数为单位。如果该值为 0，就表明没有 StatusUpdate 事件发生

3. MCI 的 Command 属性的有关命令

常用的 MCI 的命令及对应含义见表 7–4。

表 7–4　常用的 MCI 的命令（Command 属性的取值）及说明

命令	说　　明	命令	说　　明
Open	打开多媒体设备	Prev	定位到当前曲目的开始部分
Close	关闭多媒体设备	Next	定位到下一个曲目的开始部分
Play	播放一个打开的多媒体设备	Seek	如果没有进行播放，搜索一个位置；如果播放正在进行，那么就从指定的位置开始继续播放
Pause	暂停播放或录制	Record	开始进行录制
Stop	停止播放或录制	Eject	将媒体弹出
Back	向后单步播放	Sound	播放声音
Step	向前单步播放	Save	保存打开的文件

MCI 控件支持的设备类型见表 7–5。

表 7–5　MCI 的设备类型

设备类型	说　　明	设备类型	说　　明
Animation	动画设备	Scanner	图像扫描仪
Sequencer	MIDI 序列（.MID）	overlay	叠加视频设备
Waveaudio	波形音频设备（.WAV）	Cdaudio	CD 音频播放器
Digitalvideo	数字视频	Dat	数字音频磁带播放器
Vcr	盒式录像机	Other	未定义设备
Videodisc	激光影碟播放器（.AVI）		

课堂训练与测评

利用多媒体控件制作一个 CD 播放机。然后利用该播放机播放 CD 盘。CD 播放机的设计界面如图 7–4 所示，它由 1 个多媒体控件、1 个图像框、5 个标签、1 个框架和 6 个单选按钮组成。属性设置见表 7–6。最终设计界面如图 7–4 所示。

表 7–6　制作 CD 播放机时的对象属性设置

对　　象	属　　性	设　　置
窗体	（名称）	Form1
	Caption	多媒体技术
多媒体控件	（名称）	MMControl1
	UpdateInterval	2000
	Visible	False
框架	（名称）	Frame1

对象	属性	设置
框架	Caption	播放控制
单选按钮1	（名称）	optPlay
	Caption	播放
	Style	True
单选按钮2	（名称）	optPause
	Caption	暂停
	Style	True
单选按钮3	（名称）	optNext
	Caption	下一首
	Style	True
单选按钮4	（名称）	optBack
	Caption	返回
	Style	True
单选按钮5	（名称）	optEject
	Caption	弹出
	Style	True
单选按钮6	（名称）	optStop
	Caption	停止
	Style	True
标签1	（名称）	Label1
	Caption	显示CD上的总曲目数
标签2	（名称）	Label2
	Caption	显示正在播放第几曲目
标签3	（名称）	Label3
	Caption	显示当前轨道长度
标签4	（名称）	Label4
	Caption	显示多媒体设备当前位置
标签5	（名称）	Label5
	Caption	显示总长度
图像框	（名称）	Picture1
	Picture	任意加载一个图片

程序代码及其说明如下：

```
Private Sub Form_Load()
    MMControl1.DeviceType = "CDAudio"
    MMControl1.Command = "Open"
    MMControl1.TimeFormat = 10
```

```
    Label1.Caption = "CD 总曲目数为："& MMControl1.Tracks
    Label2.Caption="现在播放第 0 首歌曲"
    Label5.Caption = "总长度为：    "+ Str$(MMControl1.Length)
End Sub
```

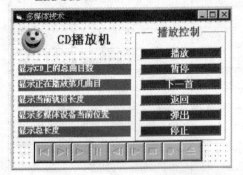

图 7-4 CD 播放机设计界面

程序说明：

在窗体的 Load 事件中，第 2 行指定要打开的多媒体设备类型（CDAudio 指 CD 光盘）。除此之外，还可以指定音响(Waveaudio)设备、数字影像(AVIVideo)设备、动画播放(Animation)设备、MIDI 序列发生器(Sequencer)设备、Overlay 图像重叠设备等。第 3 行是打开多媒体设备。第 4 行是设定时间格式。第 5 行是将 CD 盘上的歌曲总数目显示在标签 1 上。第 6 行是还没有开始播放时显示的字符串。第 7 行显示设备上所使用的媒体文件的长度。

```
Private Sub MMControl1_StatusUpdate()
    Label4.Caption = "当前位置是：   "+ Str$(MMControl1.Position)
    Label3.Caption = "当前轨道长度为：   "+ Str$(MMControl1.TrackLength)
    Label2.Caption = "现在播放第" + Str$(MMControl1.TrackPosition) +"曲目"
End Sub
```

StatusUpdate 事件按 UpdateInterval 属性所给定的时间间隔自动地发生。这一事件允许应用程序更新显示，以通知用户当前 MCI 设备的状态。可以从一些属性中获得状态信息。例如，程序中的 Position、TrackLength、TrackPosition 属性分别给出已打开设备的当前位置、当前轨道的长度和当前轨道的起始位置。

```
Private Sub Form_Unload(Cancel As Integer)
    MMControl1.Command = "Close"
End Sub
```

当应用程序停止执行并退出时，执行 Unload 事件，关闭多媒体设备。

当单击"播放"按钮时，执行如下事件过程。

```
Private Sub optPlay_Click()
    MMControl1.Command = "Play"
    optPlay.Value = False
End Sub
```

当单击"暂停"按钮时，执行如下事件过程。

```
Private Sub optPause_Click()
    MMControl1.Command = "Pause"
    optPause.Value = False
End Sub
```

当单击"返回"按钮时，执行如下事件过程。

```
Private Sub optBack_Click()
```

MMControl1.Command = "Prev"

optBack.Value = False

End Sub

这里的 Click 事件是，当单击"返回"按钮时，程序自动返回到当前正在播放的歌曲的开始位置。如果再次单击，返回到上一首歌曲的开始位置。

Private Sub optEject_Click()

MMControl1.Command = "Eject"

optEject.Value = False

End Sub

这里的 Click 事件是，当单击"弹出"按钮时，光盘从光驱中退出。再次单击此按钮，关闭光驱。

Private Sub optStop_Click()

MMControl1.Command = "Stop"

optStop.Value = False

End Sub

这里的 Click 事件是，当单击"停止"按钮时，停止播放歌曲。

7.2 项目 用 MediaPlayer 控件播放 MP3

项目说明

MediaPlayer 控件不是 Visual Basic 的标准控件，而是 Windows 操作系统自带的一个多媒体控件。可以在 Visual Basic 开发环境中执行"工程"→"部件"命令，打开"部件"对话框，选中"Windows Media Player"复选框，单击"确定"按钮将 MediaPlayer 控件添加到工具箱，如图 7-5 所示。

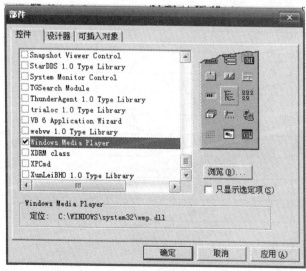

图 7-5 添加 MediaPlayer 控件

MediaPlayer 控件可以播放包括 AVI、MOV、WAV、MPG、MP3 等在内的 28 种多媒体视频、音频格式的文件,功能十分强大。

项目分析

编程实现

一、设计用户界面,设置对象属性

要求程序运行时界面如图 7-6 所示。

当单击"打开"按钮时弹出一个"打开"文件对话框,选择要播放文件的类型,如图 7-7 所示。

图 7-6 播放 MP3 程序运行界面

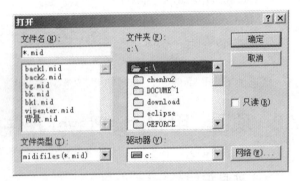

图 7-7 "打开"对话框

在窗体上添加 1 个 MediaPlayer 控件,1 个通用对话框,1 个文本框空件和 5 个按钮。它们的属性设置见表 7-7。

表 7-7 对象属性设置

对 象	属 性	设 置
窗体	(名称)	Form1
	Caption	播放 MP3
	BorderStyle	1
多媒体控件 MediaPlayer	(名称)	MediaPlayer1
通用对话控件	(名称)	CommonDialog1
	设置为"打开"通用对话框的各种属性。截面如图 7-7 所示	
文本框	(名称)	Text1
命令按钮 1	(名称)	Cmdplay
	Caption	播放
命令按钮 2	(名称)	Cmdpause
	Caption	暂停

续表

对象	属性	设置
命令按钮 3	（名称）	Cmdcontinue
	Caption	继续
命令按钮 4	（名称）	Cmdnext
	Caption	下一曲
命令按钮 5	（名称）	Cmdstop
	Caption	停止

二、代码编写

程序代码如下：
Private Sub cmdContinue_Click()
Text1.SetFocus
MediaPlayer1.playerApplication
cmdPlay.Enabled = False
cmdPause.Enabled = True
cmdContinue.Enabled = False
End Sub

Private Sub cmdNext_Click()
On Error GoTo NextErr
MediaPlayer1.Next
Exit Sub
NextErr:
MsgBox "现在正在播放单曲，没有下一曲。", vbOKOnly, "出错信息"
End Sub

Private Sub cmdPause_Click()
Text1.SetFocus
MediaPlayer1.pause
cmdPause.Enabled = False
cmdContinue.Enabled = True
End Sub

Private Sub cmdPlay_Click()
Text1.SetFocus
On Error GoTo handler
With CommonDialog1

```
            .Flags = cdl0FNAllowMultiselect
            .InitDir = App.Path
            .Filter = "midifiles(*.mid)|*.mid|MP3files(*.mp3)|*.mp3|Wavefiles(*.wav)|*.wav|"
            .FileName = ""
            .ShowOpen
    End With
    MediaPlayer1.FileName = CommonDialog1.FileName
    MediaPlayer1.play
    Text1.Text = "现在正在播放：" & CommonDialog1.FileName
    cmdPlay.Enabled = False
    cmdPause.Enabled = True
    cmdContinue.Enabled = False
    cmdStop.Enabled = True
    Exit Sub
handler:
    MsgBox "未选择媒体文件", vbOKOnly, "错误信息"

End Sub


Private Sub cmdStop_Click()
    MediaPlayer1.stop
    cmdPlay.Enabled = True
    cmdPause.Enabled = False
    cmdContinue.Enabled = False
    cmdStop.Enabled = False
End Sub


Private Sub Form_Load()
    MediaPlayer1.Visible = True
    cmdPlay.BackColor = vbRed
    cmdPause.BackColor = vbRed
    cmdContinue.BackColor = vbRed
    cmdStop.BackColor = vbrded
    cmdNext.BackColor = vbRed
    cmdContinue.Enabled = False
    cmdPause.Enabled = False
    cmdStop.Enabled = False
    Text1.Text = "本播放器支持各种音乐格式。谢谢使用"
    Text1.BackColor = vbBlack
```

Text1.ForeColor = vbYellow
End Sub

学习支持

MediaPlayer 控件的属性见表 7-8。

表 7-8 MediaPlayer 控件的属性

属 性	描 述
AutoSize 属性	当画面超过对象大小时是否扩大以自动匹配画面原来大小
FileName 属性	打开的多媒体文件
AutoStart 属性	是否自动播放已打开的文件
ShowControl 属性	是否在运行时显示控件上的按钮
PlayCount 属性	重复播放多少遍。为 0 时重复播放无限次
AutoRewind 属性	设置自动回绕功能（结束时指针回到开头）
EnableContextMenu 属性	运行时是否显示控件自身的弹出式菜单
CurrentPosition 属性	返回或指定播放位置
Rate 属性	设定播放速度，默认为 1 正常速度（范围 0~2.26）
AllowChangeDisplySize 属性	画面大小是否可以改变（为 False 时画面大小锁定）
ClickToplay 属性	运行时是否保持手形鼠标指针，具有单击时暂停/播放功能
Volume 属性	设置声音大小
DisplaySize 属性	选择画面大小
SendKeyboardEvents 属性	是否响应键盘事件
SendMouseMoveEvents 属性	是否响应鼠标移动事件
SendPlayStateChangeEvents 属性	是否响应 PlayStateChange 事件
SendOpenStateChangeEvents 属性	是否响应 OpenStateChange 事件

MediaPlayer 控件的事件。

（1）PlayStateChange:当播放状态发生改变时触发此事件。

（2）OpenStateChange:当打开文件状态发生改变时触发此事件。

（3）PositionChange:当播放位置发生改变时触发此事件。

MediaPlayer 控件的方法。

（1）Open 方法：打开一个多媒体文件。如：MediaPlayer1.Open "e:\vcd\nn.mp3"。

（2）Play 方法：开始播放。

（3）Pause 方法：暂停播放。

（4）Stop 方法：停止播放。

第 8 章 数据库管理

8.1 数据库概述

一、基本概念

数据库就是存放数据的仓库,是存储在计算机内有组织的、可共享的相关数据的集合。数据库中的数据按一定的数据模型组织、描述和存储,并可为各种用户共享。数据库从结构上可分为 3 类:层次数据库、网状数据库、关系数据库。其中关系数据库的使用最为广泛,Visual Basic 中使用的就是关系数据库。关系数据库是通过满足一定条件的二维表格来表示数据间联系的一种数据模型。数据库中存储的是由行和列数据组成的二维表格,每一列称为一个字段,每一行称为一条记录。下面介绍关系数据库中的一些基本概念。

1. 数据表

数据表一般简称为表。关系数据库采用二维表格来存储数据。数据表是一个按行与列排列的具有相关信息的逻辑组。一个数据库可以包含多个表,各个表之间可以存在某种关系。表 8–1 所示的是学生数据库中的"学生学籍表"。表 8–2 所示的是学生数据库中的"学生成绩表"。

表 8–1 学生学籍表

学号	姓名	性别	出生日期	专业
20061001	王天明	男	88-9-12	计算机网络
20062001	李青	女	88-12-15	数字控制
20063001	李宇翔	男	87-9-7	汽车维修
20064001	刘红霞	女	88-5-12	会计电算化

表 8–2 学生成绩表

学号	姓名	VB 程序设计	计算机应用基础	数学
20061001	王天明	96	74	89
20062001	李青	85	81	72
20063001	李宇翔	74	94	83
20064001	刘红霞	81	99	97

2. 字段

数据表中的每一列称为一个字段。表是由其包含的各种字段定义的。每个字段描述了它所含有的数据的意义,都有相应的字段名、数据类型、数据长度等描述信息。表 8-1 所示的"学生学籍表"包含有 5 个字段:学号、姓名、性别、出生日期、专业。

3. 记录

数据表中的每一行称为一条记录。数据库表中的任意两行不能相同。表 8-1 所示的"学生学籍表"包含有 4 条记录。

4. 关键字

关键字用来确保表中记录的唯一性,可以是一个字段或多个字段,常用作一个表的索引字段。每条记录的关键字都是不同的,因而可以唯一地标识一条记录。关键字也称为主关键字,或简称为主键。例如,"学生学籍表"中的"学号"可以作为表的主键,因为每个学生的学号都是不同的。对于每条记录来说,主关键字必须具有一个唯一的值,即主关键字不能为空值。

5. 外部键

另一个表的主键。通常使用外部键建立表之间的关系。

6. 索引

索引是以某个字段作为关键字进行排序,对数据库中的数据进行组织。使用索引可以提高数据检索的速度。例如,要通过"学号"字段对"学生学籍表"进行查询,则可以建立"学号"字段的索引,这样能更快地找到所需要的内容。

7. 表间关系

一个数据库往往包含多个表,不同类别的数据存放在不同的表中。表间关系把各个表连接起来,将来自不同表的数据组合在一起。表与表之间的关系是通过各个表中的某一个关键字段建立起来的,建立表关系所用的关键字段应具有相同的数据类型。表 8-1"学生学籍表"和表 8-2"学生成绩表"可以通过"学号"字段建立关联。"学号"是"学生学籍表"的主键,"学生学籍表"称为主表,"学生成绩表"称为相关表,"学号"字段在"学生成绩表"中称为外部键。这样,"学生成绩表"中只需用一个"学号"字段就可以引用"学生学籍表"中的信息。

8. 查询

查询是一条 SQL(结构化查询语言)命令,用来从一个或多个表中获取一组指定的记录,或者对某个表执行指定的操作。当从数据库中读取数据时,往往希望读出的数据符合某些条件,并且能按某个字段排序。SQL 中的每个 SELECT 语句都可看做是一个查询,根据这个查询,可以得到需要的结果。

二、SQL 简介

结构化查询语言 SQL 是一种数据库查询语言,可对数据库进行查询、更新和管理。SQL 由命令、子句、运算符和函数等基本元素构成。可以通过这些元素组成语句对数据库进行操作。

1. SQL 命令

SQL 对数据库所进行的数据定义、数据查询、数据操作和数据控制等都是通过 SQL 命令实现的。常用的 SQL 命令见表 8-3。

表 8-3 常用的 SQL 命令

命　令	功　能
CREATE	创建新的表、字段和索引
DROP	删除数据库中的表和索引
ALTER	修改数据库中的表、字段和索引
SELECT	查找数据库中满足条件的记录
INSERT	向数据库中添加记录
UPDATE	改变指定记录和字段的值
DELETE	从数据库中删除记录

2. 子句

SQL 命令中的子句是用来修改查询条件的,通过子句可以定义要选择和要操作的数据。常用的 SQL 子句见表 8-4。

表 8-4 常用的 SQL 子句

子　句	功　能
FROM	用来指定需要从中选择记录的表名
WHERE	用来指定选择的记录需要满足的条件
GROUP BY	用来把所选择的记录分组
HAVING	用来指定每个组要满足的条件
ORDER BY	按指定的次序对记录排序

3. 运算符

SQL 中有两类运算符:逻辑运算符和比较运算符。逻辑运算符有 AND(逻辑与)、OR(逻辑或)和 NOT(逻辑非)3 种,主要用来连接两个表达式,通常出现在 WHERE 子句中。比较运算符有 9 种,主要用来比较两个表达式的关系值。比较运算符见表 8-5。

表 8-5 比较运算符

运算符	功　能
<, <=, >, >=, =, <>	分别为小于、小于或等于、大于、大于或等于、等于、不等于
BETWEEN	用来判断表达式的值是否在指定值的范围
LIKE	进行模式匹配。表达式中可使用通配符,如*、?、#、[]等
IN	用来判断表达式的值是否在指定列表中出现

例如：

SELECT * FROM 学生成绩表 WHERE VB 程序设计>=60 AND 计算机应用基础>=60

该语句表示从"学生成绩表"中查询"VB 程序设计"和"计算机应用基础"成绩均在 60 分以上的所有的学生记录。

SELECT 学号,姓名 FROM 学生学籍表 WHERE 姓名 LIKE "李*"ORDER BY"学号"DESC

该语句表示从"学生学籍表"中查询姓李的学生的学号和姓名并按学号降序（DESC）排列。默认值 ASC 表示升序。

4．函数

SQL 中比较常用的是统计函数。利用统计函数可以对记录组进行操作，并返回计算结果。SQL 提供的统计函数见表 8-6。

表 8-6 统计函数

函　　数	功　　能
AVG	用来计算指定字段中值的平均数
COUNT	用来计算所选择记录的个数
SUM	用来返回指定字段中值的总和
MAX	用来返回指定字段中的最大值
MIN	用来返回指定字段中的最小值

例如：

SELECT COUNT（*）FROM 学生成绩表 WHERE VB 程序设计<60

该语句表示从"学生成绩表"中统计"VB 程序设计"成绩不及格的人数。

三、VB 数据库应用程序的组成

VB 数据库应用程序由 3 部分组成：用户界面、数据库引擎和数据库。这 3 部分可以放在一台计算机上供单用户使用，也可以放在不同的计算机上供网络用户使用。

1．用户界面

用户界面包括与用户交互的窗体界面和对数据库进行访问的程序代码。通过窗体界面，用户可以查看和更新数据。通过程序代码，用户可以对数据库访问对象进行各种方法和属性的设置。

2．数据库引擎

数据库引擎是一组动态链接库（DIL），位于数据库文件和用户程序之间，是应用程序与数据库之间的桥梁。其功能是把用户程序访问数据库的请求变成对数据库的实际操作。数据库引擎以一种通用接口的方式，使各种数据库对用户而言都具有统一的形式和相同的数据访问及处理方法。应用程序通过数据库引擎来完成对数据库文件的存取操作。

3．数据库

数据库是包含一个表或多个表的文件。数据库只包含数据，而对数据的操作是通过数据库引擎来完成的。

四、用户与数据库引擎的接口

在 Visual Basic 中主要提供了 3 种部件作为数据库引擎的接口：数据控件、数据访问对象、ActiveX 数据对象。利用它们能够很容易地对数据库进行访问和处理。

1. 数据控件

使用数据（Data）控件可以不需要编程而访问数据库。根据需要设置好数据控件的属性后，通过数据绑定控件（如文本框等）实现对数据库记录的访问。但是，该控件功能有限。

2. 数据访问对象

数据访问对象（DAO）是一个通过程序访问数据库的对象模型。它利用一系列数据访问对象（如 DataBase、TableDef、Recordset 等）来实现对数据库的操作。

3. ActiveX 数据对象

ActiveX 数据对象（ADO）是 Visual Basic 为数据访问提供的全新技术，是一种高层次的、独立于编程语言的、可以访问任何种类数据库的数据访问接口。ADO 已经成为 Visual Basic 中最主要的数据访问对象。

五、Visual Basic 可以访问的数据库类型

Visual Basic 通过数据库引擎可以访问的数据库有 3 种类型：本地数据库、外部数据库、ODBC 数据库。

1. 本地数据库

本地数据库与 Microsoft Access 的格式相同，灵活性好，速度快。

2. 外部数据库

外部数据库是指所有的"索引顺序访问方法"数据库，包括 dBASE、FoxPro 等格式的数据库及 Microsoft Excel 等文本文件数据库。

3. ODBC 数据库

ODBC（Open DataBase Connection）数据库是指符合开放数据库连接标准的客户/服务器数据库，包括 SQL Server、Oracle 等。

六、可视化数据管理器

Visual Basic 为了便于设计数据库，提供了可视化数据管理器工具。使用该工具不需要安装数据库系统软件就可以建立数据库，还可以修改数据库结构，插入、编辑、删除数据库记录，为用户提供了很大的方便。

1. 用可视化数据管理器建立数据库

1）启动可视化数据管理器

执行"外接程序"→"可视化数据管理器"命令，打开可视化数据管理器"VisData"窗口，如图 8-1 所示。

2）建立数据库

此处以创建学生数据库中的"学生学籍表"为例，介绍使用可视化数据管理器创建数据库的方法。

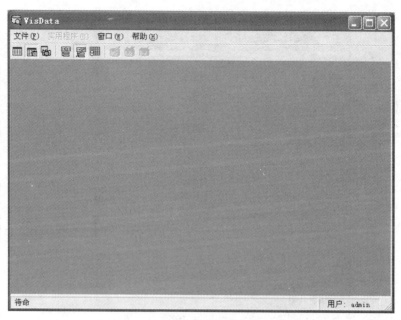

图 8-1　可视化数据管理器窗口

在 VisData 窗口中，执行"文件"→"新建"命令，选择"Microsoft Access"中的"Version 7.0 MDB(7)"选项，打开"选择要创建的 Microsoft Access 数据库"对话框。在该对话框中输入数据库文件名，并选择保存路径。例如，将创建的数据库文件命名为"Student"，并保存在"C:\"下，单击"保存"按钮，即可创建一个空的数据库窗口，如图 8-2 所示。

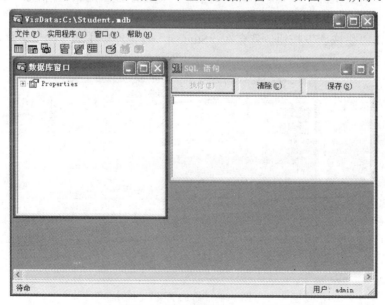

图 8-2　空数据库窗口

3）添加数据表

刚建立的数据库是一个空的数据库，没有数据表，需要在其中添加数据表。在数据库窗口内右击，在弹出的菜单中选择"新建表"命令，出现"表结构"对话框，在"表名称"文本框中输入"学生学籍表"，如图 8-3 所示。

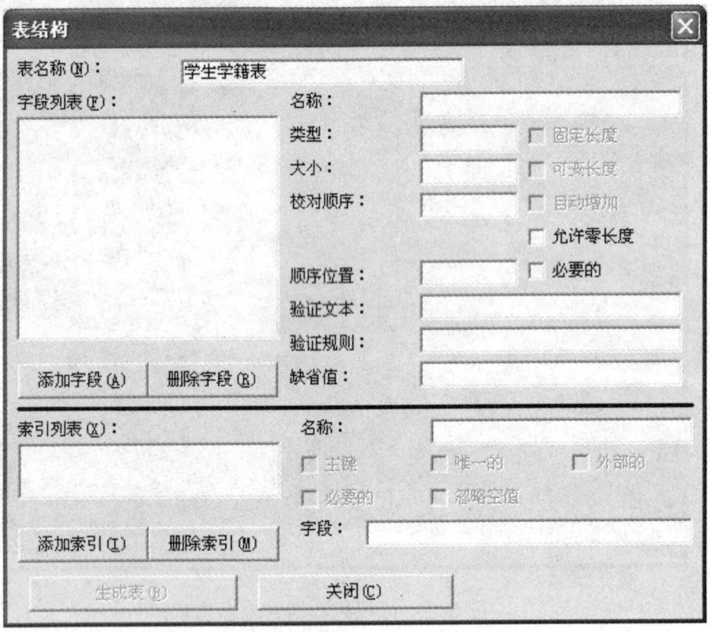

表 8-3 "表结构"对话框

单击"添加字段"按钮，在弹出的"添加字段"对话框中输入字段名"学号"，选择字段类型"Text"，改变大小为"50"，如图 8-4 所示。单击"确定"按钮，"学号"字段就加入到了"表结构"对话框的字段列表中。同时清除"添加字段"对话框内容，准备添加另一个新字段。所有字段添加完毕后，单击"关闭"按钮返回"表结构"对话框。

最后单击"生成表"按钮，就会在"Student"数据库中生成"学生学籍表"。

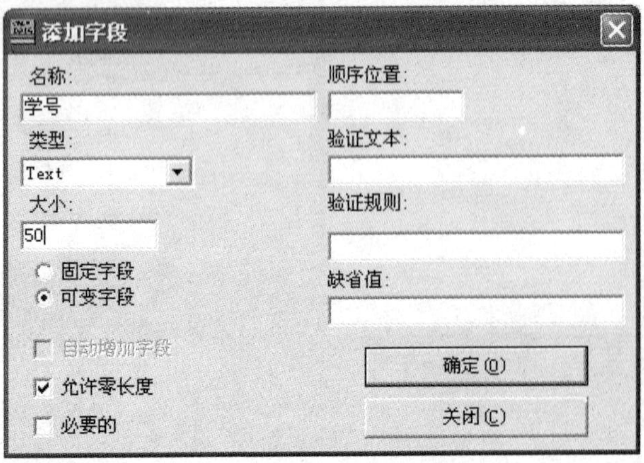

图 8-4 "添加字段"对话框

4）修改表结构

建立好一个表之后，可以查看表的结构并对其进行修改。在 VisData 窗口中，右击数据库窗口中的"学生学籍表"，在弹出的菜单中选择"设计"命令，就会打开"表结构"对话框，该对话框与建立表时的对话框基本相同，只是没有"生成表"按钮。在这个对话框中可以修改表的名称及字段名，添加和删除字段等，完成修改后单击"关闭"按钮。

2. 数据库的基本操作

在 VisData 窗口中，双击"学生学籍表"；或右击数据库窗口中的"学生学籍表"，在弹出的菜单中选择"打开"命令，即可打开输入数据窗口。在此窗口中可以对数据库完成输入、编辑、删除、查找等操作。如果数据库已关闭，可执行"文件"→"打开数据库"→"MicrosoftAccess(M)"命令，将数据库打开。

1）添加

在输入数据窗口中单击"添加"按钮，在弹出的对话框中输入各个字段的值，单击"更新"按钮，即可完成一条记录的输入。重复此过程输入其他记录。

2）编辑

如果要修改某条记录，应先将该记录定位为当前记录，然后单击"编辑"按钮，在弹出的对话框中输入新的字段值后，单击"更新"按钮。

3）删除

将要删除的记录定位为当前记录，然后单击"删除"按钮。此时会弹出一个对话框，显示信息"删除当前记录吗?"。单击"是"按钮，即可将当前记录删除。

4）排序

单击"排序"按钮，在弹出的对话框中输入要排序的列号，单击"确定"按钮，即可按照该列排序。例如，输入列号 1，则按照学号从小到大排序。

5）过滤器

"过滤器"按钮可指定过滤条件，只显示满足条件的记录。单击"过滤器"按钮，在弹出的对话框中输入过滤器表达式，单击"确定"按钮，则只显示满足条件的记录。例如，输入过滤器表达式为：性别="女"，则只显示性别为"女"的记录。

6）移动

单击"移动"按钮，在弹出的对话框中输入移动的行数（使用负值向后移动），单击"确定"按钮，即可将记录指针移动到指定的位置。

7）查找

单击"查找"按钮，可以查找表中符合指定条件的记录。例如，要查找学号为 20063001 的学生，单击"查找按钮"后在"查找记录"对话框中的"字段"列表框选中"学号"字段，在"运算符"列表框中选中"="，在"值或表达式"中输入"20063001"，单击"确定"按钮后即可查找到学号为 20063001 的学生。

七、用 Microsoft Access 建立数据库

用可视化数据管理器建立数据库有很多局限性。例如不能修改字段类型和大小，不能调整各个字段的先后顺序，不能调整记录的先后顺序等。用 Microsoft Access 建立数据库则避免

了这种局限性。Microsoft Access 是微软公司开发的第一个面向 Windows 平台的关系型桌面数据库管理系统,可以用来建立中、小型的数据库应用系统。下面以创建"学生学籍表"为例,介绍使用 Microsoft Access 2003 创建数据库的方法。

1. 启动 Microsoft Access 2003

单击"开始"按钮,执行"程序"→"Microsoft Office"→"Microsoft Office Access 2003"命令即可启动 Microsoft Access。

2. 建立数据库

在 Microsoft Access 窗口中,执行"文件"→"新建"命令,选择"空 Access 数据库"选项,打开"文件新建数据库"对话框。在该对话框中输入数据库文件名,并选择保存路径。例如,将创建的数据库文件命名为"学生数据库",并保存在"E:\学生管理"目录下,单击"创建"按钮,即可创建一个空的数据库窗口。

3. 创建数据表

双击"使用设计器创建表",打开表结构设计窗口。依次输入表的各字段名、数据类型、字段大小,并在"学号"字段属性的"索引"项中选择"有(无重复)"。右击"学号"字段,选择"主键"命令,即可设定该字段为主关键字字段。

4. 保存数据表

单击表结构设计窗口的"关闭"按钮或选择"文件"中的"保存"命令,弹出"另存为"窗口,输入表名"学生学籍表",单击"确定"按钮后数据表建立完毕。

5. 修改表结构

建立好一个表之后,可以查看表的结构并对其进行修改。右击数据库窗口中的"学生学籍表",在弹出的菜单中选择"设计视图"命令,打开"表结构"对话框。在这个对话框中可以修改表的名称、字段名称、数据类型、字段大小,可以插入删除字段,可以调整字段先后顺序等。

6. 输入数据

在数据库窗口中双击"学生学籍表",或右击"学生学籍表",在弹出的菜单中选择"打开"命令,即可打开输入数据窗口,在该窗口中可输入数据表的所有记录。

8.2 数据控件和数据绑定控件

8.2.1 项目 DATA 控件及 DATA 绑定控件应用

◎ 项目说明

用 Data 控件及 Data 绑定控件显示"基本情况表"中的数据。能进行添加、删除、修改、查询等操作,并且能用命令按钮进行信息的浏览。界面设计如图 8-5 所示。

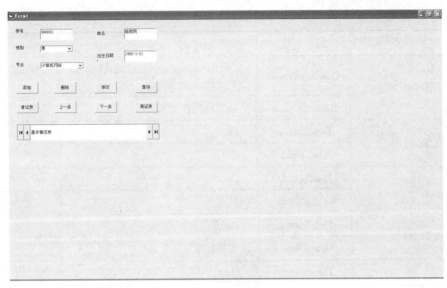

图 8-5 运行界面

项目分析

"基本情况表"中包含了"学号"、"姓名"、"性别"、"出生日期"、"专业'" 5 个字段，因此需要用 5 个数据绑定控件与之对应。这里用 3 个文本框显示"学号"、"姓名"、"出生日期" 3 个字段的数据，用 2 个组合框显示"性别"、"专业" 2 个字段的数据。

操作步骤如下：

（1）添加 5 个标签控件，分别为 Label1～Label5。

（2）添加 3 个文本框控件，分别为 Text1～Text3。

（3）添加 2 个组合框控件，分别为 Combo1、Combo2。

（4）添加 8 个命令按钮，分别为 Command1～Command8。

（5）添加一个数据控件 Data1。

（6）用 Access 2003 建立数据库"student.mdb"。

（7）为避免在运行时因绝对路径改变而产生的"不是一个有效路径"的错误，第一次设置 Data 控件的 DatabaseName 属性时用绝对路径"C:\Documents and Settings\Administrator\桌面\教材\程序\第八章\1\Student.mdb"，保存程序后（程序也应存放在与数据库相同的目录下），再次打开程序界面，设置 Data 控件的 DatabaseName 属性时用相对路径".\student.mdb"。这样就不会因绝对路径的改变而发生错误。

（8）各控件的属性设置见表 8-7。

表 8-7

对象	属性	值
Command1～Command8	Caption	添加、删除、修改、查询、首记录、上一条、下一条、尾记录
Label1～Label5	Caption	学号、姓名、性别、出生日期、专业

续表

对象	属性	值
Data1	DatabaseName	C:\Documents and Settings\Administrator\桌面\教材\程序\第八章\1\Student.mdb
	RecordSource	基本情况表
Text1	DataSource	Data1
	DataField	学号
Text1	DataSource	Data1
	DataField	姓名
Text2	DataSource	Data1
	DataField	出生日期
Text3	DataSource	Data1
	DataField	性别
Text4	DataSource	Data1
	DataField	专业

编程实现

程序代码如下：

```
Private Sub Command1_Click()
If Command1.Caption = "添加" Then
    Command1.Caption = "确定"
    Data1.Recordset.AddNew
    Text1.SetFocus
Else
    Command1.Caption = "添加"
    Data1.Recordset.Update
End If
End Sub

Private Sub Command2_Click()
y = MsgBox("确定要删除该学生吗", 3 + 32 + 0, "删除记录")
If y = vbYes Then
    Data1.Recordset.Delete
    Data1.Recordset.MoveNext
End If
End Sub
```

```
Private Sub Command3_Click()
Data1.Recordset.Edit
Data1.Recordset.Update
End Sub

Private Sub Command4_Click()
xh = InputBox("请输入学号！", "查询")
Data1.Recordset.FindFirst "学号='" & xh & "'"
If Data1.Recordset.NoMatch Then
    y = MsgBox("没有相应的学生记录", 0, "信息")
End If
End Sub

Private Sub Command5_Click()
Data1.Recordset.MoveFirst
End Sub

Private Sub Command6_Click()
Data1.Recordset.MovePrevious
If Data1.Recordset.BOF Then
     Data1.Recordset.MoveFirst
End If
End Sub

Private Sub Command7_Click()
Data1.Recordset.MoveNext
If Data1.Recordset.EOF Then
     Data1.Recordset.MoveLast
End If
End Sub

Private Sub Command8_Click()
Data1.Recordset.MoveLast
End Sub

Private Sub Form_Load()
Combo1.AddItem "男"
Combo1.AddItem "女"
Combo2.AddItem "计算机网络"
```

```
Combo2.AddItem "数字控制"
Combo2.AddItem "汽车维修"
Combo2.AddItem "会计电算化"
Combo2.AddItem "机械制造"
End Sub
```

学习支持

数据（Data）控件是 Visual Basic 提供的一个标准控件。用 Data 控件可以访问 Access、dbase、FoxPro 等数据库。Data 控件具有快速处理数据库的能力，可使设计者减少程序代码的编写工作，轻松地设计和维护数据库中的数据。

用 Access 2003 创建的数据库不能直接被数据控件访问，必须经过转换，操作步骤如下。

（1）在 Access 主窗口的菜单栏中执行"工具"→"数据库实用工具"→"转换数据库"→"转为 Access97 文件格式"命令。

（2）在"将数据库转换为"对话框中输入文件名"学生数据库1"，保存位置为"E:\学生管理"，然后单击"保存"按钮。

Data 控件能够访问的数据库是转换以后的数据库"学生数据库1.mdb"。

在 Visual Basic 中，Data 控件本身不能直接显示记录集中的数据，必须通过能与其绑定的控件来实现数据的浏览、编辑等功能。可与 Data 控件绑定的有文本框、标签、图像框、图片框、列表框、组合框、网格、DataReport 等控件。所谓"数据绑定"，是指控件中的数据显示和操作结果始终与数据库保持实时一致。当改变控件中的数据内容时，数据库对应的数据也会同时发生同样的变化。

Data 控件的常用属性

Data 控件可通过工具箱直接添加到窗体中，其外观如图 8-6 所示。

图 8-6 Data 控件外观

Data 控件上有 4 个按钮。
（1）"第一条"按钮：将记录指针移动到第一条记录。
（2）"上一条"按钮：将记录指针向前移一条记录。
（3）"下一条"按钮：将记录指针向后移一条记录。
（4）"最后一条"按钮：将记录指针移动到最后一条记录。

Data 控件的常用属性见表 8-8。

表 8-8 Data 控件的常用属性

属性	含义	说明
Connect	连接字符串	设置数据控件要访问的数据库类型。默认为 Access
DatabaseName	数据库名	设置数据控件要访问的数据库文件名
RecordSource	数据源	设置数据控件的记录源。可以是数据表或是合法的 SQL 语句
RecordsetType	记录集类型	设置数据控件存放记录集的类型，默认值为 1。有 3 种属性值。0-Table：表类型记录集，以该方式打开数据表中的记录时，所进行的增加、删除、修改等操作都将直接更新数据表的记录；

续表

属性	含义	说明
RecordsetType	记录集类型	1-Dynaset：动态集类型记录集，所进行的各种操作都先在内存中进行而不影响记录源中的数据，更新后再放回数据库中，所以速度较快；2-Snapshot：快照类型记录集，只能读取不能修改数据库的内容，适用于查询操作。当数据控件的 RecordSource 属性所指定的记录源不是一个数据表时，则 RecordsetType 属性只能设置为动态集或快照集类型
Recordset	记录集	由 Data 控件自动创建的 Recordset 对象
ReadOnly	只读	设置数据库的内容是否为只读。默认值为 False
Exclusive	独占方式	设置是否独占数据库。单用户为 True，多用户为 False

Data 控件可通过 DatabaseName 属性和 RecordSource 属性连接数据库中的表。例如，要将 Data 控件与"学生学籍表"连接，需要将 Data 控件的 DatabaseName 属性设置为"E:\学生管理\学生数据库 1.mdb"，将 Data 控件的 RecordSource 属性设置为"学生学籍表"。

在 Visual Basic 中，数据库中的表是不允许直接访问的，只能通过记录集（Recordset）对象对其进行浏览和操作。Recordset 对象所具有的属性只能在程序运行阶段设置。下面介绍 Recordset 对象的常用属性。

1. BOF 属性

当记录指针指向 Recordset 对象的第一条记录之前时，BOF 的值为 True，否则值为 False。

2. EOF 属性

当记录指针指向 Recordset 对象的最后一条记录之后时，EOF 的值为 True，否则值为 False。

3. RecordCount 属性

用于指定 Recordset 对象的记录的个数。

4. AbsolutePosition 属性

用于指定当前记录的记录号，第一条记录的记录号是 1。

5. Nomatch 属性

判断是否能找到不符合条件的记录。如果找到不符合条件的记录，则 Nomatch 的属性值为 True，否则值为 False。

6. Fields 属性

表示记录集中的字段。Fields（"字段名"）表示当前记录指定的字段。如 Fields（"学号"）表示当前记录的"学号"字段。

Data 控件的方法

除属性外，Data 控件还具有一些重要的方法。当程序运行时，Visual Basic 会根据 Data 控件设置的内容打开选定的数据库，并内建一个 Database 对象和一个 Recordset 对象。利用 Recordset 对象提供的方法，就能够对数据库中的记录内容进行操作。

1. AddNew 方法

用于向数据表中添加一条新的空白记录。输入完新记录后,需要用 UpDate 方法对数据库的内容更新。否则,用 AddNew 方法添加的记录无效。

例如:

Datal. Recordset. AddNew

Datal. Recordset. UpDate

2. Delete 方法

用于删除当前记录。删除当前记录后记录指针仍指向该记录。可用 MoveNext 方法使记录指针指向下一条记录。

例如:

Datal. Recordset. Delete

Datal. Recordset. MoveNext

3. Edit 方法

用于编辑修改数据库的记录。与 AddNew 方法类似,必须用 UpDate 方法才能使所做的修改生效。

例如:

Datal. Reeordset. Edit

Datal. Recordset. UpDate

4. Find 方法和 Seek 方法

用于查找满足条件的记录。当数据控件的 RecordsetType 属性为表类型(Table)时用 Seek 方法,其他类型用 Find 方法。如果找到了满足条件的记录,则记录指针定位在找到的记录上;如果找不到满足条件的记录,则记录指针定位在记录集的末尾。共有 4 种 Find 方法。

(1) FindFirst 方法:查找满足条件的第一条记录。

(2) FindLast 方法:查找满足条件的最后一条记录。

(3) FindNext 方法:从当前记录开始向后查找满足条件的下一条记录。

(4) FindPrevious 方法:从当前记录开始向前查找满足条件的上一条记录。

例如:

Datal. Reeordset. FindFirst "姓名 Like '王*'" 表示查找第一个姓王的记录。

5. Move 方法

用于移动记录指针。共有 4 种 Move 方法。

(1) MoveFirst 方法:将记录指针移动到第一条记录。

(2) MoveLast 方法:将记录指针移动到最后一条记录。

(3) MoveNext 方法:将记录指针移动到下一条记录。

(4) MovePrevious 方法:将记录指针移动到上一条记录。

当记录指针位于文件开头时运行 MovePrevious 方法,或当记录指针位于文件结尾时运行 MoveNext 方法,系统会提示出错。可用以下程序段避免出现这种错误。

```
Data1. Recordset. MovePrevious      '记录指针移动到上一条记录
If Data1. Recordset. BOF Then        '如果越界
Data1. Recordset. MoveFirst          '记录指针定位在第一条记录
EndIf
```
或：
```
Data1. Recordset. MoveNext          '记录指针移动到下一条记录
If Data1. Recordset. EOF Then        '如果越界
Data1. Recordset. MoveLast          '记录指针定位在最后一条记录
End if
```

6. UpDate 方法

用于更新记录内容。通常用在 AddNew 方法和 Edit 方法之后。

7. Refresh 方法

用来重新显示与 Data 控件相连接的数据库的记录集。例如：

Data1. Refresh

8. Close 方法

用于关闭数据库或记录集。在使用 Close 方法之前必须用 UpDate 方法更新数据库或记录集中的数据，以保证数据的正确性。例如：

Data1. Recordset. Close

Data 绑定控件

Data 绑定控件用来配合数据控件显示数据库的记录内容。Data 绑定控件可通过 DataSource 属性和 DataField 属性与数据控件关联。

1. DataSource 属性

用于指定数据控件名，可以是 Data 控件，也可以是 ADO 控件。

2. DataField 属性

用于指定将要连接的 Data 控件中可用的数据库字段名。

数据库网格控件

数据库网格控件是一个数据绑定控件。它将所绑定数据控件的 Recordset 对象中的记录和字段以网格的形式显示出来，每一行为一条记录，每一列为一个字段。

使用 Data 控件时的数据库网格控件为 MSFlexGrid。该控件不是标准控件，需要将其添加到工具箱中。操作步骤如下。

（1）执行"工程"→"部件"命令，在"部件"对话框中选择"Microsoft FlexGrid Control6.0"复选框，单击"确定"按钮将其添加到工具箱中。

（2）在属性窗口中将"DataSource"属性设置为"Data1"。

（3）将"Cols"属性值设置为"0"。

知识巩固

例 创建一个显示数据库中表内容的程序

设计一个窗体显示 Student.mdb 数据库中"基本情况表"的内容。程序运行界面如图 8-7 所示。

程序代码如下:

```
Private Sub Form_Load()
    Data1.DatabaseName = App.Path + "\student.mdb"
End Sub
```

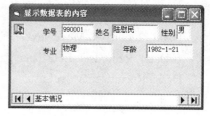

图 8-7 运行界面

```
Private Sub Picture1_Click()
    Picture1.Picture = Clipboard.GetData
End Sub
Private Sub Data1_Reposition()
    Data1.Caption = Data1.Recordset.AbsolutePosition + 1
End Sub
```

图 8-8 运行界面

课堂训练与测评

用一个数据网格控件 MsFlexGrid 显示 Student.mdb 数据库中"基本情况表"的内容。运行界面如图 8-8 所示。各控件属性设置见表 8-9。

表 8-9 控件属性表

默认控件名	其他属性设置
Data1	DatabaseName="目录名\Student.mdb"
	RecordsetType=0
	RecordSource="基本情况表"
MsFlexGrid1	Datasource=Data1

程序代码如下:

```
Private Sub Form_Load()
Data1.DatabaseName = App.Path + "\student.mdb"
End Sub
```

8.3 ADO

8.3.1 项目 ADO 编程

◇ 项目说明

编写程序完成如图 8-9 所示功能。

◇ 项目分析

使用数据窗体向导编程。通过数据窗体向导能建立一个访问数据的窗口。在使用前必须执行"外接程序"→"外接程序管理器"命令，将"VB 6 数据窗体向导"装入到"外接程序"菜单中。具体操作步骤如下：

（1）执行"外接程序"→"数据窗体向导"命令，弹出如图 8-10 所示对话框。

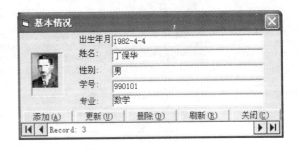

图 8-9 运行界面

图 8-10 "数据窗体向导"窗口一

（2）选择数据库类型，如图 8-11 所示。

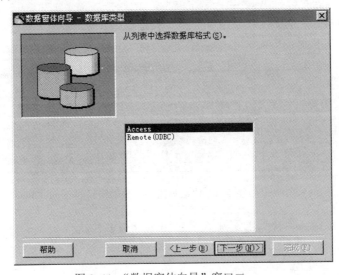

图 8-11 "数据窗体向导"窗口二

(3) 选择具体的数据库文件,如图 8-12 所示。

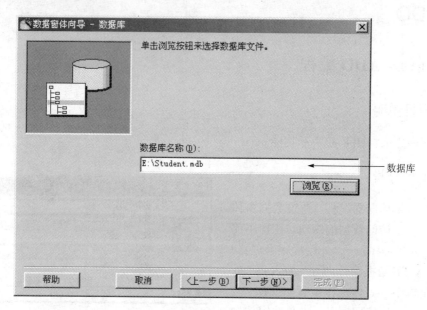

图 8-12 "数据窗体向导"窗口三

(4) 设置应用窗体的工作特性,如图 8-13 所示。

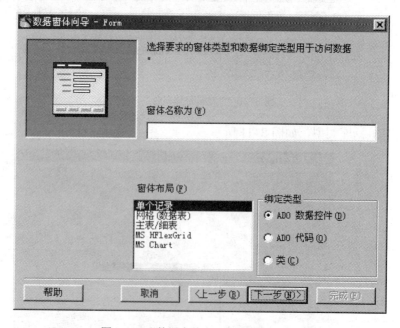

图 8-13 "数据窗体向导"窗口四

(5) 选择记录源(所需要的实际数据),如图 8-14 所示。

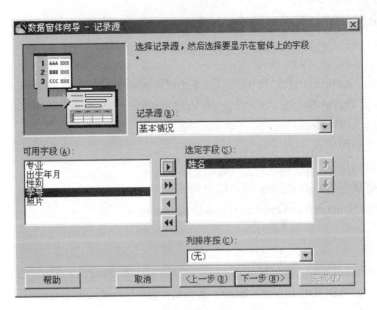

图 8-14 "数据窗体向导"窗口五

(6) 选择所需要的操作按钮,如图 8-15 所示。

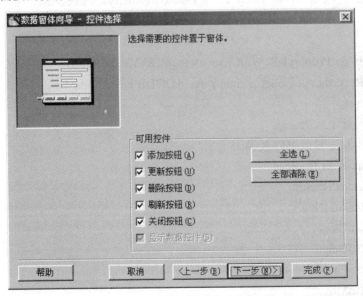

图 8-15 "数据窗体向导"窗口六

编程实现

代码编写

程序代码如下:
Private Sub Form_Unload(Cancel As Integer)

```vb
        Screen.MousePointer = vbDefault
End Sub

Private Sub datPrimaryRS_Error(ByVal ErrorNumber As Long, Description As String, ByVal Scode As Long, ByVal Source As String, ByVal HelpFile As String, ByVal HelpContext As Long, fCancelDisplay As Boolean)
        '错误处理程序代码置于此处
        '想要忽略错误,注释掉下一行
        '想要捕获它们,在此添加代码以处理它们
        MsgBox "Data error event hit err:" & Description
End Sub

Private Sub datPrimaryRS_MoveComplete(ByVal adReason As ADODB.EventReasonEnum, ByVal pError As ADODB.Error, adStatus As ADODB.EventStatusEnum, ByVal pRecordset As ADODB.Recordset)
        '为这个 recordset 显示当前记录位置
        datPrimaryRS.Caption = "Record: " & CStr(datPrimaryRS.Recordset.AbsolutePosition)
End Sub

Private Sub datPrimaryRS_WillChangeRecord(ByVal adReason As ADODB.EventReason Enum, ByVal cRecords As Long, adStatus As ADODB.EventStatusEnum, ByVal pRecordset As ADODB.Recordset)
        '验证代码置于此处
        '下列动作发生时该事件被调用
        Dim bCancel As Boolean
        Select Case adReason
        Case adRsnAddNew
        Case adRsnClose
        Case adRsnDelete
        Case adRsnFirstChange
        Case adRsnMove
        Case adRsnRequery
        Case adRsnResynch
        Case adRsnUndoAddNew
        Case adRsnUndoDelete
        Case adRsnUndoUpdate
        Case adRsnUpdate
        End Select
        If bCancel Then adStatus = adStatusCancel
```

```
End Sub

Private Sub cmdAdd_Click()
    On Error GoTo AddErr
    datPrimaryRS.Recordset.AddNew
    Exit Sub
AddErr:
    MsgBox Err.Description
End Sub

Private Sub cmdDelete_Click()
    On Error GoTo DeleteErr
    With datPrimaryRS.Recordset
        .Delete
        .MoveNext
        If .EOF Then .MoveLast
    End With
    Exit Sub
DeleteErr:
    MsgBox Err.Description
End Sub

Private Sub cmdRefresh_Click()
    '只有多用户应用程序需要
    On Error GoTo RefreshErr
    datPrimaryRS.Refresh
    Exit Sub
RefreshErr:
    MsgBox Err.Description
End Sub

Private Sub cmdUpdate_Click()
    On Error GoTo UpdateErr
    
    datPrimaryRS.Recordset.UpdateBatch adAffectAll
    Exit Sub
UpdateErr:
    MsgBox Err.Description
End Sub
```

```
Private Sub cmdClose_Click()
    Unload Me
End Sub
```

📖 学习支持

ADO 技术是微软公司推出的最新和最强大的数据访问技术。它被设计用来同新的数据访问层 OLEDB 一起协同工作,以提供通用的数据访问接口。OLEDB 是一个低层的数据访问接口,用它可以访问各种数据源。这些数据源包括关系型和非关系型数据库、电子邮件和自定义的商业对象。ADO 提供的编程模型可以完成几乎所有的访问和更新数据源的操作。

使用 ADO 技术编写数据库应用程序,一般可通过两种途径。一种是通过 Visual Basic 提供的 ADO 控件,只需编写很少的代码就能实现对数据库的常规操作;另一种是通过 ADO 对象,完全通过编写代码实现对数据库的访问。在程序设计中,往往会遇到比较复杂的情况,只利用 ADO 控件编写程序不能满足复杂数据库应用系统设计的要求。因此,常常需要采用 ADO 对象进行编程。

ADO 控件

ADO 控件与 Data 控件相比,功能更加强大。ADO 控件能够连接任何 OLEDB 数据源。数据源可以是本地或远程计算机的各种数据库,也可以是电子邮件数据、Web 上的文本或图形。ADO 控件代表了微软公司未来的数据访问策略。ADO 控件相当灵活且适用性广,因此,在编写数据库应用程序时,如果要使用控件连接数据库则应尽可能使用 ADO 控件。

1. 添加 ADO 控件

ADO 控件不是标准控件,使用之前需要将其添加到工具箱中。执行"工程"→"部件"命令,在"部件"对话框中选择"Microsoft ADO DataControl 6.0(OLEDB)"复选框进行添加。放置在窗体上的 ADO 控件的外观如图 8–16 所示,默认控件名称为"Adodcl"。

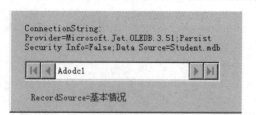

图 8–16 ADO 控件在窗体上的外观

2. ADO 控件的属性和方法

ADO 控件的大多数属性和方法与 Data 控件相同。

(1)基本属性。使用 ADO 控件建立与数据库的连接,从数据库中选择记录集,是通过设置 ADO 控件的 3 个基本属性来完成的,见表 8–10。

表 8–10 ADO 控件的基本属性

属　　性	说　　明
ConnectionString	指定有效的与数据源连接的字符串,通过该字符串使 ADO 控件与指定的数据库建立连接
ReeordSource	用于设置数据源,其值可以是表或存储过程名称,也可以是 SQL 语句

续表

属　性	说　　明
CommandType	指定 RecordSource 属性的类型，有 4 个取值 1—adCmdText：文本命令类型，通常使用 SQL 语句 2—adCmdTable：存储在数据库中的表或视图 4—adCmdStoreProc：存储在数据库中的存储过程 8—adCmdUnknown：类型未知，通常使用 SQL 语句

（2）ADO 控件的方法。ADO 控件与 Data 控件类似，对数据的操作主要通过 Recordset 对象的方法来实现。Recordset 对象方法的使用与 Data 控件相似。

3. 用 ADO 控件连接数据库并创建数据源

下面以"student.mdb"中的"基本情况表"为例来说明使用 ADO 控件连接数据库并创建数据源的过程。

（1）右击 Adodc 控件，在弹出的菜单中选择"Adodc 属性"命令，打开"属性页"对话框，如图 8-17 所示。

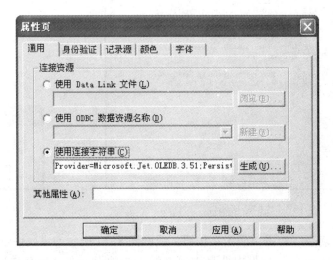

图 8-17　Adodc 控件的"属性页"对话框

（2）在"通用"选项卡中列出了 3 种连接数据库的方法。

"使用 DataLink（数据连接）文件"：定义与数据库如何连接的描述文件。

"使用 ODBC 数据资源名称"：通过 ODBC 数据访问接口连接到数据库，是一种连接远程数据库的方法。连接之前，要创建一个 DSN（Data Source Name，数据源名称）来描述数据库的类型、位置等信息。

"使用连接字符串"：使用连接字符串来创建数据连接，是 Visual Basic 中最常用的数据连接方式。

在"通用"选项卡中选中"使用连接字符串"单选按钮，单击"生成"按钮，弹出如图 8-18 所示的"数据链接属性"对话框。

(3) 在"提供程序"选项卡中列出了各种 OLE DB Provider 接口,可分别连接到不同的数据库,包括 Access 数据库、SQL Server 数据库、Oracle 数据库或其他数据库。此处要连接到 Access 数据库,因此选择"Microsoft Jet 4.0 OLE DB Provider"选项。

(4) 单击"下一步"按钮,在"连接"选项卡中单击"选择或输入数据库名称"复选框,输入要连接的数据库路径和文件名。使用 ADO 控件连接 Access 数据库不必像 Data 控件需要用转换以后的数据库,可直接连接用 Access 2003 创建的数据库。与 Data 控件类似,先用绝对路径,再用相对路径".\student.mdb"。

(5) 单击"测试连接"按钮。如果创建的数据连接正确,则显示"测试连接成功"的消息框,如图 8-19 所示。

图 8-18 "数据链接属性"对话框

图 8-19 测试连接

(6) 连接成功后,单击"确定"按钮,返回图 8-17 所示的"属性页"对话框。

(7) 在"属性页"对话框中选择"记录源"选项卡,在"命令类型"下拉列表框中选择"2-adCmdTable",表示将为 ADO 控件选择一个数据库中已经存在的表或视图作为数据源。

(8) 在"表或存储过程名称"下拉列表框中选择"基本情况"表,如图 8-20 所示。

(9) 单击"确定"按钮,关闭"属性页"对话框。

4. 使用 ADO 控件时的数据库网格控件

如果使用 ADO 控件连接数据库,那么数据库网格控件要使用 DataGrid 控件。执行"工程"→"部件"命令,在"部件"对话框中选择"Microsoft DataGrid Control 6.0(OLEDB)"复选框,单击"确定"按钮将其添加到工具箱中。DataGrid 控件使用方法与 MSFlexGrid 控件类似。

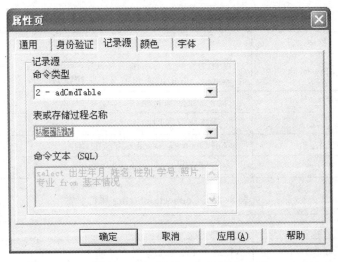

图 8-20 "记录源"选项卡

ADO 对象

编写数据库应用程序，除了可以通过 Data 控件和 ADO 控件，还可以通过 ADO 对象（注：不再是控件），完全通过编写代码来实现对数据库的访问。使用 ADO 对象编写程序可以解决用 Data 控件和 ADO 控件无法解决的复杂问题。

1. 引用 ADO 对象库

要使用 ADO 对象，必须先引用 ADO 对象库。对于 Access 2003 数据库，执行"工程"→"引用"→"Microsoft ActiveX DataObjects 2.5Library"命令即可完成对 ADO 对象库的引用。

2. ADO 对象模型

ADO 对象模型提供的对象见表 8-11。其中每个对象都具有属性，用于描述对象。

表 8-11 ADO 对象模型提供的对象

对象名	描述
Connection	连接数据源
Command	从数据源获取所需数据的命令信息
Recordset	所获取的一组记录组成的记录集
Error	在访问数据时，由数据源所返回的错误信息
Parameter	与命令对象相关的参数
Field	包含了记录集中某个字段的信息

（1）连接（Connection）对象：Connection 对象是交换数据所必需的环境，通过 Connection 对象可使应用程序访问数据源。Connection 对象的常用属性和方法见表 8-12。ADO 支持的 ConnectionString 属性参数见表 8-13。

表 8–12 Connection 对象的常用属性和方法

名　称	说　明
ConnectionSting 属性	设置到数据源的连接信息（字符串）。它由一系列分号分隔的"参数名=value"语句组成的字符串来指定数据源
Open 方法	打开到数据源的连接
Execute 方法	对连接执行各种操作
Cancel 方法	取消 Open 或 Execute 方法的调用
Close 方法	关闭打开的 Connection 对象

表 8–13 ConnectionString 属性参数

参　数	说　明
Provider	指定用来连接的提供者名称
DataSource	指定包含预先设置连接信息的特定提供者的文件名
RemoteProvider	指定打开客户端连接时使用的提供者名称（仅限于 Remote Data Service）
Remote Server	指定打开客户端连接时使用的服务器路径名（仅限于 Remote Data Server）

（2）命令（command）对象：Command 对象对数据源执行指定的命令。通过已经建立的连接发出的命令，以某种方式来操作数据源。一般情况下，命令可以是在数据源中添加、删除或更新数据。Command 对象的常用属性和方法见表 8–14。

表 8–14 Command 对象的常用属性和方法

名　称	说　明
ActiveConnection 属性	用于设置或返回指定的 Recordset 对象当前所属的 Connection 对象
CommandText 属性	指定发送的命令文本，如 SQL 语句、数据表名称等
CommandType 属性	设置或返回 CommandText 的类型
Execute 方法	执行 CommandText 属性指定的操作
Cancel 方法	取消 Execute 方法的调用

（3）记录集（Recordset）对象：Recordset 对象是来自数据表或命令执行结果的记录集合。Recordset 对象所指的当前记录均为集合内的单个记录。Recordset 对象的主要属性除前面内容介绍过的之外，还有一个重要的属性 CursorLocation 属性。CursorLocation 属性用于设置连接对象或命令对象的游标位置。游标位置有两种：客户端游标（adUseClient）和服务器端游标（adUseServer），默认值是 adUseServer。

（4）Error 对象：使用 Error 对象集合检查数据源返回的错误。

（5）Parameter 对象与 Parameters 集合：Command 对象具有由 Parameter 对象组成的 Parameters 集合。其中，Parameter 对象被用于支持参数化查询，或提供存储过程中的参数。

（6）Field 对象与 Fields 集合：Recordset 对象含有由 Field 对象组成的 Fields 集合。每个

Field 对象对应于 Recordset 中的一列。使用 Field 对象的 Value 属性可设置或返回当前记录对应字段的数据。Field 对象的常用属性见表 8–15。

表 8–15　Field 对象的常用属性

属　　性	说　　明
Name	返回字段名
Value	查看或更改字段中的数据
DefinedSize	返回已声明的字段大小
ActualSize	返回给定字段中数据的实际大小

使用 ADO 对象编程

使用 ADO 对象编程需要经过以下几个步骤。

1. ADO 对象库的引用

执行"工程"→"引用"命令，在打开的"引用"对话框中选择"Microsoft ActiveX DataObjects2.5 Library"。

2. 连接数据源

（1）建立 Connection 对象。例如：Dim cnn As New Connection。

（2）用 Connection 对象的 ConnectionString 属性确定连接字符串。例如，通过 s="Provider=Microsoft.Jet.OLEDB.4.0；DataSource=E:\学生管理\学生数据库.mdb；"语句可完成与数据源的连接。数据源可使用绝对路径，也可使用相对路径。例如，"DataSource=E:\学生管理\学生数据库.mdb；"语句可改为"DataSource=.\学生数据库.mdb；"。

3. 打开数据源

通过 Connection 对象的 Open 方法打开到数据源的连接。

Connection 对象的 Open 方法的语法格式如下：

<Connection 对象名>.Open<ConnectionString；>，[UserlD]，[Password]，[OpenOptions]

功能：打开到数据源的连接。

说明：

（1）ConnectionString：连接字符串。

（2）UserlD：建立连接时使用的用户名，可选。

（3）Password：建立连接时所用的密码，可选。

（4）OpenOptions：ConnectOptionEnum 值。如果设置为 adConnectAsync，则异步打开连接。可选。

例如：

s="Provider=Microsoft.Jet.OLEDB.4.0；DataSource=.\学生数据库.mdb；"cnn.Open s

4. 创建记录集

建立 Recordset 对象。例如：

```
Dim rst AS Recordset
set rst=New ADODB.Recordset
```

5. 打开记录集

通过 Recordset 对象的 Open 方法打开一个表、查询结果或者以前保存的记录集中记录的游标指针。

Recordset 对象的 Open 方法格式如下： <Recordset 对象名>. Open<Source>，<Active Connection>[CursorType],[LockType]，[Options]

功能：打开到记录集的连接。

说明：

（1）Source：可以是表名、SQL 语句、Command 对象的变量名、存储过程名。

（2）ActiveConnection：可以是 Connection 对象类型的变量名，也可以是一个连接字符串（ConnectionString）。

（3）CursorType：确定提供者打开 Recordset 对象时应该使用的游标类型。各个符号常数值的意义如下。

● adOpenForwardOnly：（默认值）打开仅向前类型游标。

● adOpenKeyset：打开键集类型游标。

● adOpenDynamic：打开动态类型游标。

● adOpenStatic：打开静态类型游标。

（4）LockType：指定打开 Recordset 对象所使用的记录锁定方法，默认为只读。各个符号常数值的意义如下。

● adlockReadOnly：（默认值）只读——不能改变数据。

● adlockPessimistic：保守式锁定（逐个）——提供者完成确保成功编辑记录所需的工作。通常通过在编辑时立即锁定数据源的记录来完成。

● adlockOptimistic：开放式锁定（逐个）——提供者使用开放式锁定，只在调用 Updata 方法时才锁定记录。

● adLockBatchOptimistic：开放式批更新——用于批量更新模式（与立即更新模式相对）。

（5）Options：指示提供者如何操作 Source 参数，各个符号常数值的意义如下。

● adCmdText：指示提供者应该将 Source 作为命令的文本定义来计算。

● adCmdTable：指示 ADO 生成 SQL 查询以便从 Source 命名的表返回所有行。

● adCmdTableDirect：指示提供者更改从 Source 命名的表返回的所有行。

● adCmdStoredProc：指示提供者应该将 Source 视为存储过程。

● adCmdUnknown：指示 Source 参数中的命令类型为未知。

● adCommandFile：指示应从 Source 命名的文件中恢复持久的（保存的）Recordset。

● adExecuteAsync：指示应异步执行 Source。

● adFetchAsync：指示在提取 CacheSize 属性中指定的初始数量后，应该异步提取所有剩余的行。

例如，

Rst.Open"select * from 学生学籍表"，cnn,adOpenDynamic，adLockOptimistic

该语句说明打开记录集"学生学籍表",设定动态游标并使用开放式锁定。

6. 断开连接

当程序结束时,应及时断开与数据源的连接,并清空和关闭记录源,以释放对象所占用的内存空间,节约资源,提高运行速度。

例如:

cnn. Close
rst. Close
Set cnn=Nothing
Set rst=Nothing

数据报表

Visual Basic 提供了数据环境设计器和数据报表设计器,从而使报表的制作变得很方便。以"基本情况表"为例说明报表的制作过程。

1. 添加数据环境设计器

执行"工程"→"添加 DataEnvironment"命令可添加数据环境设计器,并将一个 Connection1 对象添加到数据环境中,如图 8-21 所示。

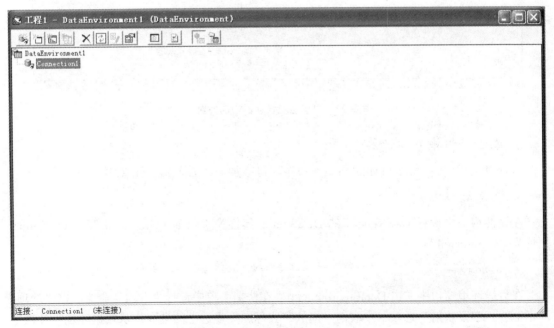

图 8-21 数据环境设计器

2. 建立连接

右击 Connectionl,在快捷菜单中选择"属性"命令,出现"数据连接属性"对话框。在"提供程序"选项卡中选择"Microsoft Jet 4.0 OLEDB Provider"选项。单击"下一步"按钮,在出现的"连接"选项卡中选择数据库名"E:\student",单击"测试连接"按钮。如果测试连接成功则建立了连接。

3. 定义命令

右击 Connectionl,在快捷菜单中选择"添加命令"选项,可在 Connection1 下创建一个 Commandl 对象。右击 Commandl,在快捷菜单中选择"属性"命令,打开"Commandl 属性"对话框。在"通用"选项卡中选择"数据源"中的"数据库对象"为"表",选择"对象名称"为"基本情况表"。单击 Commandl 对象前的"+",可以看到数据库中的各个字段,如图 8-22 所示。

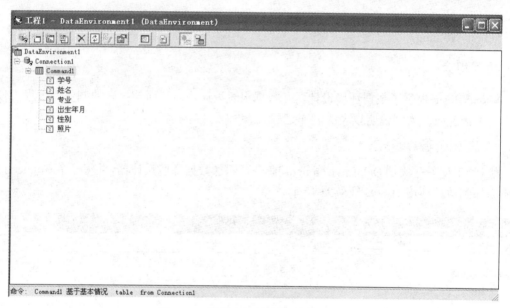

图 8-22 数据环境设计器中的各对象

4. 添加数据报表设计器

执行"工程"→"添加 DataReport"命令,可添加一个 DataReportl 对象。

5. 指定数据源

在属性窗口中设置 DataReportl 的 DataSource 属性为"DataEnvironmentl",DataMember 属性为"Commandl"。

6. 添加控件

在数据环境窗口中右击 DataEnvironmentl,在快捷菜单中选择"选项"命令,在"选项"对话框的"字段映射"选项卡中取消"拖放字段标题"复选框的选取。从数据环境设计器中拖动 Commandl 下的"学号"、"姓名"、"专业"、"出生日期"和"性别"字段到"细节"区的适当位置。在"页标头"区右击,在快捷菜单中择选择"插入控件"→"标签"选项,可添加一个标签控件 Labell。将 Labell 的 Caption 属性设置为"学号"。依此类推,再插入 4 个标签控件,其对应的 Caption 属性分别为"姓名"、"专业"、"出生日期"和"性别"。在属性窗口中将各字段及标签控件的 Top 属性设置为 100,Alignment 属性设置为 2(居中)。用相同的方法在"报表标头"区插入一个标签控件,Caption 属性设置为"基本情况表",并通过 Font

属性设置字体及大小。将 DataReportl 的 TopMargin 属性（报表的顶边界）设置为 100，LeftMargin 属性（报表的左边界）设置为 100。最终报表设计效果如图 8-23 所示。

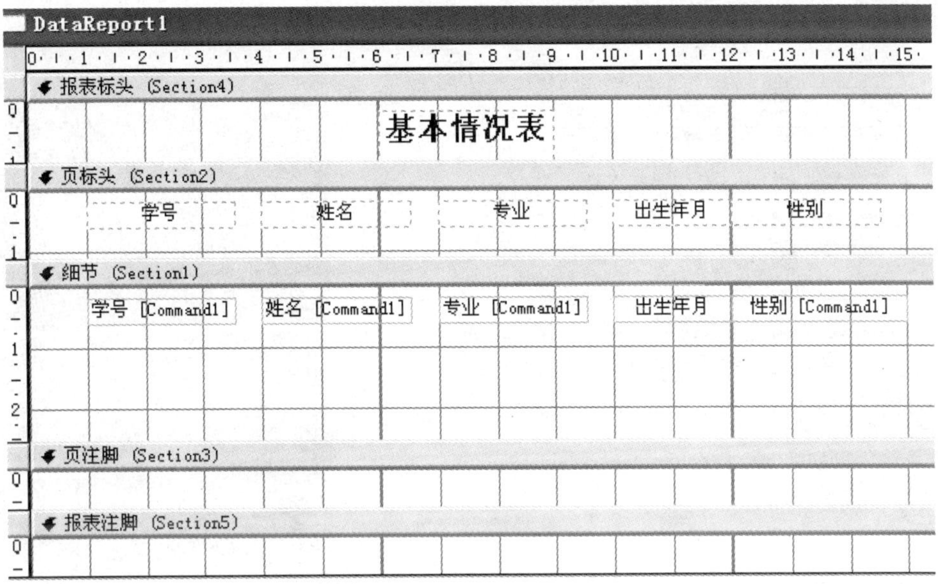

图 8-23　报表设计

7. 绘制表格线

在工具箱中单击"数据报表"控件图标，可在工具箱中显示 6 种专门用于创建数据报表的控件。单击"RptLine"控件，当鼠标变为细十字时即可画线。将垂直线的 Height 属性设置为 350。

8. 运行显示报表

执行"工程"→"工程 1 属性"命令，在弹出的对话框中将启动对象设置为"DataReportl"，运行预览数据报表，如图 8-24 所示。

可以在命令按钮或菜单的 Click 事件中加入以下代码来显示报表。

DataReportl.Show

◎ 知识巩固

例用 ADO 对象实现本章第一个项目
程序代码如下：

```
Dim cnn As New Connection
Dim rst As Recordset

Private Sub Command1_Click()
If Command1.Caption = "添加" Then
    Command1.Caption = "确定"
    rst.MoveLast
```

rst.AddNew

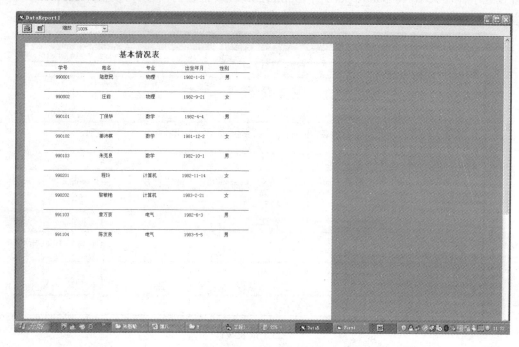

图 8-24　报表预览结果

```
        Text1.Text = ""
        Text2.Text = ""
        Text3.Text = ""
        Combo1.Text = ""
        Combo2.Text = ""
        Text1.SetFocus
    Else
        Command1.Caption = "添加"
        rst.Update
    End If
End Sub


Private Sub Command2_Click()
y = MsgBox("确定要删除该学生吗？", 3 + 32 + 0, "删除记录")
If y = vbYes Then
    rst.Delete
    rst.MoveNext
End If
End Sub
```

```vb
Private Sub Command3_Click()
rst.Update
End Sub

Private Sub Command4_Click()
xh = InputBox("请输入学号！", "查询")
rst.MoveFirst
rst.Find "学号='" & xh & "'"
If rst.EOF Then
    y = MsgBox("没有相应的学生记录", 0, "信息")
End If
End Sub

Private Sub Command5_Click()
rst.MoveFirst
End Sub

Private Sub Command6_Click()
rst.MovePrevious
If rst.BOF Then
    rst.MoveFirst
End If
End Sub

Private Sub Command7_Click()
rst.MoveNext
If rst.EOF Then
    rst.MoveLast
End If
End Sub

Private Sub Command8_Click()
rst.MoveLast
End Sub

Private Sub Form_Load()
s = "Provider=Microsoft.Jet.OLEDB.4.0;Data Source=" & App.Path & "\student.mdb;"
cnn.Open s
Set rst = New ADODB.Recordset
```

```
rst.CursorLocation = adUseClient
rst.Open "select * from 基本情况", cnn, adOpenDynamic, adLockOptimistic
Set Text1.DataSource = rst
Set Text2.DataSource = rst
Set Text3.DataSource = rst
Set Combo1.DataSource = rst
Set Combo2.DataSource = rst
Text1.DataField = "学号"
Text2.DataField = "姓名"
Text3.DataField = "出生年月"
Combo1.DataField = "性别"
Combo2.DataField = "专业"
Combo1.AddItem "男"
Combo1.AddItem "女"
Combo2.AddItem "计算机网络"
Combo2.AddItem "会计电算化"
Combo2.AddItem "电气自动化"
End Sub

Private Sub Form_Unload(Cancel As Integer)
rst.Close
cnn.Close
Set rst = Nothing
Set cnn = Nothing
End Sub
```

主要参考文献

[1] 郭瑞军，唐邦民，谢晗昕. Visual Basic 数据库开发实例精粹［M］. 北京：电子工业出版社，2007.
[2] 廖望. Visual Basic.NET 程序设计案例教程［M］. 北京：冶金工业出版社，2007.
[3] 求是科技. Visual Basic 6.0 信息管理系统开发实例导航［M］. 北京：人民邮电出版社，2007.
[4] 武新华. Visual Basic 6.0 管理信息系统开发案例［M］. 西安：西安电子科技大学出版社，2007.
[5] 董向锋. Visual Basic 习题与实训［M］. 北京：电子工业出版社，2004.
[6] 许大荣. 桌面程序开发［M］. 北京：高等教育出版社，2004.
[7] 徐红. 可视化程序设计（Visual Basic）［M］. 北京：高等教育出版社，2006.
[8] 刘炳文. Visual Basic 程序设计例题汇编［M］. 北京：清华大学出版社，2006.
[9] 丁爱萍. Visual Basic 程序设计［M］. 西安：西安电子科技大学出版社，2007.
[10] 刘瑞新. Visual Basic 程序设计实训与习题解答［M］. 北京：机械工业出版社，2006.
[11] 朱丽敏. 面向对象程序设计—Visual Basic 6.0［M］. 北京：机械工业出版社，2006.